SOCIÉTÉS – ENVIRONNEMENTS

Regards croisés

Sous la direction de

Jean-Pierre AMIGUES, Dominique LE QUÉAU

Pierre MAZZEGA, Jean-Claude MENAUT

SOCIÉTÉS – ENVIRONNEMENTS

Regards croisés

L'HARMATTAN

5-7, rue de l'École-Polytechnique ; 75005 Paris

http://www.librairieharmattan.com
diffusion.harmattan@wanadoo.fr
harmattan1@wanadoo.fr

ISBN : 978-2-296-03350-4
EAN : 9782296033504

SOMMAIRE

INTRODUCTION

Pierre MAZZEGA

LMTG, Observatoire Midi-Pyrénées

CNRS / IRD / Université Toulouse 3

Certainement est-il illégitime d'user de l'expression de « gai savoir », forgée par le philosophe, dans le contexte de cette aventure collective. Mais après tout, pourquoi ne pas jouer / jouir de la science, des sciences, de leur fractionnement, parfois autonomisations en champs distincts et circonscrits où ont voulu s'exprimer les souverainetés de disciplines dûment nommées ? Accordons-nous, pour une fois, cette licence du jeu, de la malice, de l'écoute.

Ce « Sociétés – Environnements », où il ne va plus de soi que la Nature soit conviée, serait une sorte – on hésite à y associer un quelconque substantif ! – d'*objet* cognitif ou de la cognition, de *chose*[1] disons ou de *source*[2] d'où surgissent divers thèmes qu'abordent et se renvoient les diverses disciplines, comme dans un kaléidoscope, où chaque fragment s'impose avec netteté et précision, chaque géométrie locale se reconnaît et cependant se déforme en d'autres fragments, où par nécessité se croisent les regards. Et précisément, ce dont témoigne cet ouvrage, c'est bien que cette situation doit être dépassée.

---

[1] Peut-être la « chose » des juristes, ou bien ce « quasi-objet » tiré au jour par Bruno Latour comme nous le rappelait vigoureusement une sociologue lors du colloque de prospective « Société –Environnement » de l'Institut des Sciences de l'Univers du CNRS à Paris, 5-6 février 2004.

[2] Si l'on veut indiquer un caractère dynamique des interrogations et suggérer leur attache aux imaginaires des éléments, ici l'eau, vitale, en premier lieu. Mais nous retrouverons dans les pages qui suivent tous les éléments de la poétique donnée par Gaston Bachelard.

Ainsi, mi-manière d'entretenir l'esprit des dialogues et des échanges de l'EIRSSE[3] de Cargèse, mi-manière de jeu, nous pouvons tenter de construire le « modèle » suivant de ces contributions considérées dans leur ensemble : l'objet commun des réflexions et débats portent sur l'analyse des interactions entre sociétés et environnements, et vues sur un plus long terme, de leur co-évolution. Les contributions des divers auteurs réunies ici sont autant de transformations de cet objet. Question : existe-t-il, eut égard à ces transformations des « invariants » de l'objet sous-jacent, de l'objet caché, inconnaissable en soi mais toujours latent, en deçà des propos ? Attention : non pas quelques leitmotivs, qu'une lecture brève ne manque pas de révéler, qui relèveraient en quelque sorte de l'apparat de l'interdisciplinarité et des difficultés qu'elle suscite à plusieurs titres. Non. Des « invariants », ces caractéristiques qui traversent sans changement symétries et brisures du kaléidoscope, ces régularités dont le paradoxe pour l'entendement réside en ce qu'elles nous placent au cœur de l'objet tout en nous donnant de la hauteur sur celui-ci …

Invariante nous semble-t-il la récurrence du souci « ontologique[4] » : quels concepts utilise « l'autre » - c'est à dire

---

[3] EIRSSE : « École Interdisciplinaire sur la Recherche en Sciences Sociales pour l'Environnement » CNRS – INRA, tenue à l'Institut d'Études Scientifiques de Cargèse (Corse ; Centre National de la Recherche Scientifique / Université de Corse / Université de Nice - Sophia Antipolis) du 11 au 15 avril 2005.

[4] Dans le domaine de l'Intelligence Artificielle, de nombreuses définitions ont été énoncées : une ontologie est « une spécification explicite d'une conceptualisation » [Gruber T. (1993) A translation approach to portable ontology specifications, Knowledge Acquisition, Vol. 5, 199-220], elle « implique ou comprend une certaine vue du monde par rapport à un domaine donné. Cette vue est souvent conçue comme un ensemble de concepts (e.g. entités, attributs, processus), leurs définitions et leurs interrelations [Uschold M. and M. Gruninger (1996) Ontologies, Principles, Methods and Applications, Knowledge Engineering Review, Vol. 11 n° 2]. Selon la définition une ontologie peut être plus ou moins conceptuelle et formelle. Voir aussi l'article de Charlet J. (janvier 2006) Mot clé : ontologie, L'Oeil de l'ADBS : lettre électronique de l'association

le chercheur d'une autre discipline ? Et suivant quelle organisation (hiérarchies, réseaux,...) se positionnent-ils mutuellement ? Il y a aussi bien sûr les « faux amis » - et ils sont nombreux -, ces concepts qui d'un archipel intellectuel à l'autre, voire sur une même île, s'accommodent d'un sens très différent mais sous couvert de l'homonymie. D'ailleurs la « spéciation » des ontologies ne résulte pas seulement de différences de certains paradigmes de la pensée, ou de différences intrinsèques aux objets des savoirs. Elle pourrait bien traduire avant tout les débats, les luttes livrées entre les disciplines pour revendiquer ici leur autonomie, là leur caractère « scientifique », toujours leur identité. Avec l'épaisseur de l'Histoire, ces mouvements forment de véritables cultures. Alors : faut-il développer un langage commun (sorte de patrimoine) pour les recherches en environnement ? Ou bien mieux vaut-il acquérir autant que possible des compétences pluri- ou inter linguistiques ? Cette seconde approche pourrait s'avérer plus féconde, de nombreux témoignages existant des apports séminaux du transplant de concepts *a priori* exogènes dans un champ déjà constitué.

Invariant le souci des problématiques d'échelle. Bien sûr il y a les échelles d'espace, de la physique, de l'écologie, dont par exemple l'étude des eaux – milieu et ressource – montre l'étendue, du petit cours d'eau qui longe la parcelle agricole, au bassin versant dont l'empreinte a parfois des ambitions continentales. Mais aussi les échelles de temps : le long terme de l'évolution du climat que cherchent à circonscrire les scenarii prospectifs à la réactivité mal connue des écosystèmes et de la biodiversité à des impacts d'activités humaines. Quant à la réactivité des sociétés elles-mêmes, elle couvre aussi un large spectre de temps caractéristiques. Mais on supposera qu'en celles-ci se confrontent, voire s'hybrident, d'autres « échelles » : celles des institutions imbriquées et interdépendantes ; celles du

des professionnels de l'information et de la documentation, n°4. ADBS (référence communiquée aux auteurs par C. Martineau).

droit (local, national, régional, international) et des droits (de l'environnement, de la propriété, de l'Homme, etc.) ; celles de l'économie (des agents rationnels à la mondialisation) et des économies (micro et macro, économie institutionnaliste, etc.) ; de la gouvernance (qui incorpore déjà une idée d'échelle des « agents » : individus, groupes, associations, élus, etc.) aux gouvernances spécifiques à la gestion des divers systèmes ; des rapports sociaux.

Invariant le souci de l'organisation de l'action collective. La problématique n'est pas récente et a été abordée sous plusieurs angles depuis des décennies. Pourtant l'accent n'est plus le même aujourd'hui. Il porte davantage sur l'importance des enjeux environnementaux pour l'avenir des sociétés (ici à toutes échelles), sur l'acuité des situations socio environnementales à gérer sur le long terme, intergénérationnel, sur la complexité des arrangements institutionnels et organisationnels qui se développe en s'adaptant. Sur la diversité des dimensions de ces actions collectives aussi, qui s'ingénient et persistent à ne pas se conformer aux schémas que proposent les théories « explicatives » (au moins à titre exploratoire) où d'ailleurs il serait intéressant de chercher l'origine d'une récente tendance vers une orientation plus nettement normative des approches scientifiques (possiblement à côté d'une sollicitation politique et/ou « sociétale » en faveur d'une telle orientation).

Certainement, d'autres invariants seraient à exhumer si ce type d'investigation n'est pas vain. Du côté des leitmotivs nous pousserions plutôt le souci de la mise en œuvre d'approches intégratives de l'analyse des dynamiques de co-évolutions entre sociétés et environnements. Ce souci traduit un besoin impérieux. L'impact des activités et représentations humaines ou sociétales sur l'environnement, et à la fois leur dépendance à son égard, requiert, nous le savons maintenant, de réussir cette intégration des connaissances, des points de vue, des sensibilités, des cultures scientifiques dans des démarches communes d'analyse et de synthèse, et ceci qu'elle qu'en soit la visée – connaissance, savoir, normes. Pour s'engager dans cette tache, nous voulons encore croire en la tradition de nos démarches : forger des concepts, construire des modèles (conceptuels, formels, mathématiques, ...), observer (mesurer, enquêter, recueillir,...) – et bâtir les cadres institutionnels de la recherche, de l'observation pérenne et de l'enseignement, pour favoriser l'émergence de réponses à la mesure des défis posés par les lendemains.

REMERCIEMENTS

Nos remerciements collectifs à Mme Pascale DEDIEU qui a assuré avec diligence et professionnalisme l'édition et la mise en forme de l'ensemble du texte (à partir d'une belle diversité de contributions).

APPROCHES ECONOMIQUES DES PROCESSUS ENVIRONNEMENTAUX

Jean-Pierre AMIGUES

LERNA

INRA / CEA / Univ. Sciences Sociales Toulouse 1

PREAMBULE : UNE HISTOIRE CONCISE DE L'ECONOMIE DE L'ENVIRONNEMENT

L'intérêt pour les ressources naturelles s'inscrit dans les origines de la science économique. Le XVIIIème et le début du XIXème siècle posent la question de la terre, agricole en particulier, base matérielle de la production d'économies principalement agraires. Pour la pensée physiocratique, toute richesse en résulte, et la rareté des terres cultivables, leur fertilité et leur mise en valeur sont des sujets de préoccupation centraux des économistes de ce temps. La célèbre analyse de Malthus de l'inadéquation entre terres cultivables et démographie humaine en Angleterre reste un cas d'école de ce que les modernes appellent un développement non durable. Avec sa théorie de la rente foncière, D. Ricardo pose par ailleurs les bases de ce qui deviendra un des principes fondamentaux de l'évaluation économique des actifs naturels : la rente différentielle.

L'inquiétude agraire s'estompera progressivement en Europe au XIXème siècle avec la disparition des famines, les révolutions agricoles, l'émigration anglo-saxonne aux États-Unis et l'émergence des économies industrielles. Mais la base matérielle de l'économie, anciennement fondée sur la terre et l'usage de ressources biologiques renouvelables, va maintenant s'appuyer sur une mobilisation croissante de ressources non renouvelables : charbon et minerai de fer en premier lieu, pétrole à partir du XXème siècle. S. Jevons en 1860 prophétise le déclin de l'Angleterre, victime de l'épuisement des ses réserves charbonnières et de la concurrence du charbon américain. Il décrit aussi une Angleterre du XXème siècle rongée par la suie et la fumée. Ironie de l'histoire, les calculs de Jevons l'amènent à prédire la fermeture des dernières mines de charbon anglaises dans les années 1980, à peu près au moment où M. Thatcher et J. Major font fermer les derniers puits de mine au prix de grèves très dures... mais dans un contexte économique et technologique totalement différent de celui imaginé par Jevons.

La seconde moitié du XIXème siècle voit l'émergence du mouvement conservationniste américain, l'ancêtre de l'écologie politique. Ce mouvement va susciter la création des grands parcs nationaux aux États-Unis et mettre en avant, pour la première fois dans l'histoire politique, l'importance de la protection de la nature et de la responsabilité de l'humanité vis à vis des milieux naturels. Plus intéressant pour l'économiste, c'est aussi le moment où l'ingénieur apparaît comme une figure montante de l'organisation des relations entre nature et société, dans le domaine de l'eau, des forêts et de la protection des sols en particulier. Il en résultera une riche tradition d'ingénierie environnementale qui accompagnera le développement d'approches de recherche opérationnelle et d'aménagement territorial de plus en plus élaborées tout au long du XXème siècle.

Cette montée en puissance des approches politiques et techniques s'effectuera au détriment des économistes, dont les réflexions vont alors se trouver momentanément cantonnées au strict domaine de l'exploitation des ressources naturelles marchandes et de leur commerce. C'est ainsi que Gray (1912) et Hotelling (1931) vont élaborer la théorie économique de la mine, base de toutes les analyses ultérieures de l'exploitation des ressources épuisables. Cette théorie va permettre de bâtir un pont entre l'évaluation des actifs productifs d'origine artificielle et les actifs naturels et j'y reviendrai.

D'une réflexion sur les relations entre structures industrielles, structures de marché et gestion des biens publics, A. Marshall et surtout A. C. Pigou vont à partir des années 1920 introduire dans l'analyse économique un concept nouveau, celui d'effet externe (ou « externalité »). Couplé à l'analyse coûts - bénéfices et à la théorie des coûts d'opportunité, ce concept va devenir le fer de lance d'une reconquête par l'analyse économique des relations entre nature et sociétés. Il permettra de donner un contenu précis à des notions vagues comme le principe « pollueur - payeur » et justifiera le développement des méthodologies d'évaluation économique des coûts et des bénéfices environnementaux.

La seconde moitié du XXème siècle voit la constitution de l'économie des ressources naturelles et de l'environnement comme un champ spécialisé de la discipline économique. L'éventail des questions posées ne va pas cesser d'augmenter, de pair avec une spécialisation croissante des recherches. C'est ainsi qu'on parlera d'économie des ressources halieutiques, d'économie de l'eau, d'économie forestière, d'économie de la régulation environnementale ou d'évaluation économique des politiques publiques dans le domaine de l'environnement.

Ce développement va s'organiser autour de centres de recherches spécialisés (comme *Resources for the Future* aux États-Unis) dans et au dehors de l'université, la mise en place d'enseignements spécifiques , ainsi que de revues et de sociétés savantes dédiées à la promotion des recherches conduites dans le domaine[5]. A leur activité académique, ces centres de recherches vont très vite associer un investissement important dans le conseil et l'expertise, investissement porté par la mise en place progressive d'institutions publiques en charge de la

[5] RFF est crée en 1952, l'association américaine des économistes de l'environnement (AERE) est fondée en 1979, sa revue paraît depuis 1974, l'association européenne (EAERE) existe depuis 1990 et sa revue depuis 1991.

protection de l'environnement, comme l'EPA aux États-Unis, ou de ministères dédiés[6].

Contrairement à ce qu'on pourrait croire, cette pénétration de l'analyse économique dans le domaine de l'environnement ne s'est pas faite facilement. Comme on l'a vu, l'ensemble des concepts structurants du domaine avait été établi dès la première moitié du XXème siècle. Lorsqu'au début des années 70, la protection de l'environnement, puis plus tard la question du pétrole, viennent au devant des préoccupations de la société et des décideurs, les économistes se sentent intellectuellement prêts à prendre une part active dans l'élaboration et l'évaluation de l'action politique sur ces sujets. Dans un vaste survol de la littérature en économie de l'environnement[7], M. Cropper fait état de la désillusion des économistes américains de cette époque, qui voient les approches économiques écartées par les décideurs au profit d'approches centrées sur les normes, la réglementation ou le renforcement de l'appareil législatif. Il leur faudra encore patienter une dizaine d'années avant que l'économie de l'environnement soit réellement mobilisée dans la décision publique. L'Europe suivra, avec retard, une évolution semblable au cours des deux dernières décennies.

C'est de cette riche tradition historique que je vais tenter d'extraire les éléments les plus saillants. Le champ de l'économie de l'environnement n'entretient guère de spécificités fortes vis-à-vis de la discipline économique en général, et la plupart des concepts et méthodes qu'il mobilise sont largement adaptés d'approches plus générales. Ceci m'amènera pour la clarté de l'exposé à sortir de temps à autre du domaine de

---

[6] L'EPA *Environmental Protection Agency* est créée en 1970, la France se dote d'un secrétariat d'état à l'environnement en 1974, l'Agence européenne de l'environnement est instituée en 1999.

[7] Cropper M. and W. Oates (1992) Environmental economics: a survey, Journal of Economic Literature.

spécialité pour resituer ou préciser certains éléments d'un point de vue économique.

Mon exposé porte essentiellement sur les aspects méthodologiques et conceptuels généraux, je ne ferai donc pas état de résultats acquis à partir d'études ponctuelles ou d'analyses chiffrées. Par contre je préciserai au cas par cas l'acquis empirique correspondant et les domaines d'application spécifiques étudiés en relation avec le contexte plus général que je vais essayer de décrire.

L'ECONOMIE DES RESSOURCES NATURELLES

Dans un certain sens, on peut concevoir l'économie des ressources naturelles comme une extension de la théorie du capital à des actifs non directement produits par le système économique. Par « capital », l'économiste entend des biens durables qui sont soit des facteurs de production, soit directement consommés dans la société. Parler de bien « durable » met en avant deux dimensions essentielles : le temps et la possibilité de stocker, voire d'accumuler ce bien. Un bien « durable » est en effet défini comme un bien susceptible de fournir une certaine quantité de service pendant une certaine durée de temps, éventuellement infinie. Cette quantité de service n'est pas nécessairement constante dans le temps et fait généralement l'objet d'un choix. Ce choix n'est pas sans conséquences sur la durée potentielle de service, c'est à dire que des régimes d'utilisation ou d'exploitation différents (pensez à un véhicule plus ou moins utilisé ou plus ou moins bien entretenu) se traduiront par une durabilité variable du bien. Appliquée à l'environnement, l'analyse conduit à distinguer deux grandes catégories de ressources naturelles :

- Les ressources renouvelables : Ce sont des ressources susceptibles de fournir une quantité infinie de services convenablement gérées. Elles comprennent l'eau, l'air, l'ensemble des ressources biologiques (forêts, halieutique, ressources agricoles végétales et animales, flore et faune sauvage), l'énergie solaire et éolienne, la terre.

- Les ressources non renouvelables. Ce sont les ressources qui ne peuvent fournir que des quantités de services finies. Les ressources fossiles et minérales, l'eau stockée dans des nappes profondes sont des ressources non renouvelables, ou épuisables.

Notons que cette définition est par essence « économique ». En toute rigueur, les réserves d'hydrogène du soleil s'épuisent au sens physique et l'on devrait classer l'énergie solaire dans la catégorie des ressources non renouvelables. Mais à l'échelle de la (courte) histoire de l'humanité, cela n'aurait guère de sens. L'exemple des nappes profondes illustre aussi le fait que même si une ressource se renouvelle sur des temps longs, c'est l'intensité de l'utilisation du service qui importe pour la classer dans la catégorie des ressources épuisables. Enfin la notion de « service » est suffisamment large pour inclure tous les usages concurrents d'une même ressource et ne connote pas nécessairement une dimension « positive » ou « bénéfique ». Une ressource peut parfaitement être une nuisance pour la société, qu'il s'agisse d'une population de pathogènes ou d'un stock de carbone dans l'atmosphère.

Il en résulte qu'au plan conceptuel, les principes économiques généraux de valorisation des ressources s'appliqueront tout autant à des ressources « utiles » qu'à des ressources « nuisibles » : pesticides ou nitrates concentrés dans des aquifères, population de ravageurs ou parasites des cultures, ce qui étend considérablement le champ d'application de l'analyse.

La classification des ressources précédemment décrite pourrait laisser croire que les économistes réduisent le rôle de la nature à celui d'un fournisseur gratuit de services à la société. Cette impression est trompeuse pour deux raisons. D'une part l'économie accorde beaucoup d'attention aux conditions d'accès aux biens en général et donc ici aux ressources naturelles. Ces conditions d'accès sont généralement limitées par des considérations physiques, techniques et sociétales (modes d'appropriation des ressources par des individus ou des groupes, partage de ressources en propriété commune, droits d'accès institutionnalisés, mécanismes d'échange et de marchés). Dès lors que le volume de services délivré par les ressources est limité, un des rôles centraux du système social va être d'en organiser l'accès à ses membres et l'économie va s'intéresser aux performances du système ainsi mis en place, tant du point de vue de la société que de celui de la durabilité de l'accès aux ressources.

D'autre part, l'économie est très consciente que de nombreuses ressources sont en fait élaborées au sein des milieux naturels au travers de processus physiques et biologiques complexes. Ces processus sont généralement influencés par l'intensité de l'exploitation des ressources et il importe donc de prendre en compte également l'impact des usages sur les conditions de renouvellement des ressources. En d'autres termes, la valorisation économique va s'appliquer également aux « technologies naturelles » de production des ressources selon des principes comparables au traitement des technologies artificielles de production dans la valorisation des biens.

VALORISER LES RESSOURCES NATURELLES

J'en viens maintenant aux principes généraux de valorisation proprement dits. Quelques remarques introductives sur la démarche économique s'imposent tout d'abord. Pour l'économie, la notion de valeur « en soi » d'une chose n'a guère de sens, et la valorisation est un exercice de nature comparative. Ceci suppose un espace d'options préalables ou de choix possibles entre lesquels vont s'opérer des arbitrages selon certains critères. Par exemple, si l'on prend pour critère la maximisation de son bien être par un consommateur, la valeur d'un bien en termes d'un certain montant monétaire s'identifie au gain en bien être que lui procure la consommation de ce bien vis à vis du bien être maximal qu'il pourrait obtenir de ce même montant monétaire dans d'autres utilisations possibles de son argent.

Il apparaît alors que la valeur économique d'un bien ne saurait être uniquement fonction de ses caractéristiques propres ou de celles de la personne qui l'utilise mais dépend également des caractéristiques des autres biens ainsi que des autres personnes qui peuvent être en concurrence avec l'utilisateur pour l'accès au bien considéré. En économie, on ne peut donc pas parler de valeurs « intrinsèques » des biens ou même de valeurs « individuelles », au sens de la personne qui les évalue, mais uniquement de valeurs socialisées dépendant des conditions physiques, culturelles, légales et technologiques d'accès aux biens disponibles. Notons que ce principe est indépendant du fait que les biens s'échangent ou pas sur des marchés, pas plus qu'il ne dépend de l'existence d'une forme ou d'une autre de système de propriété sur les biens. Il pourrait s'appliquer par exemple à une économie de don. Mais si ce principe est de nature générique, sa déclinaison dépend clairement du contexte d'organisation de la société. Un même bien pour un groupe composé des mêmes individus n'a aucune raison d'avoir la même valeur dans différents types de société, cette valeur dépendant, entre autre, de l'espace des choix concédés aux membres de la société par leurs normes légales et culturelles et les institutions dont ils se sont dotées.

Les économistes mobilisent deux grandes catégories d'approches pour construire leurs analyses de la valeur. La première est volontairement décontextualisée et s'appuie sur la notion d'optimum collectif. La seconde part d'une définition plus ou moins précise d'un contexte socio-économique (une organisation de la société en agents économiques et en espaces d'échange et de régulation prédéterminés).

La notion d'optimum collectif renvoie à la recherche de la performance idéale qu'une société pourrait espérer atteindre sur la seule base d'un critère de bien-être commun et de contraintes techniques ou physiques données, indépendamment de toute forme particulière d'organisation institutionnelle. Son propos est de clarifier les enjeux et de fournir un cadre de référence utile à toute réflexion politique sur les évolutions ou les adaptations souhaitables du contexte institutionnel. L'approche décontextualisée (ou « centralisée » pour l'économiste) constitue un préalable souvent incontournable à toute réflexion sur le long terme, où l'organisation de la société peut difficilement être considérée comme fixe, ne serait ce que du fait du renouvellement des générations et de la dynamique entrepreneuriale de l'économie.

La pensée économique est loin d'être parvenue à un consensus en matière de construction d'un critère de choix social, si tant est que ce problème ait un sens, ce que montre bien le théorème d'impossibilité de Arrow (1951). Le critère d'optimalité le plus couramment utilisé est celui de Pareto décrivant une situation où il est impossible d'accroître le bien-être d'un individu dans la société sans réduire celui d'un autre membre. Ce critère renvoie à un principe de performance sociale globale, isolant les solutions gagnantes pour tout le monde, ce qui laisse en général un nombre considérable de manières de répartir le gain collectif dans la société, un critère au total peu discriminant. L'optimum de Pareto décrit ce que les économistes appellent un fonctionnement socialement « efficace »[8] de l'économie dans un univers décontextualisé. Notons qu'efficace ne veut pas dire « juste », et qu'une situation où l'un, le riche, possède tous les biens, et l'autre le pauvre, n'a

---

[8] La notion « d'efficacité sociale » demande à être précisée. Lorsque l'économie parle de solutions « efficaces », elle fait allusion à des solutions qui minimisent l'usage de ressources rares pour un objectif donné. Cette efficacité au sens physique ou « technique » doit être clairement distinguée de l'efficacité sociale qui prend en compte les préférences collectives.

rien, est un optimum de Pareto car il serait impossible d'accroître le bien-être du pauvre en lui donnant un peu, sans réduire le bien-être du riche en lui prenant ce peu.

L'utilisation du critère de Pareto est fréquemment critiquée dès lors qu'il s'agit de l'étendre à des problèmes inter temporels de développement durable ou de gestion du patrimoine naturel et donc d'étendre la notion de collectif social aux générations futures. Mais au vu de sa définition, il est clair que ces critiques peuvent tout à fait s'appliquer à la manière dont sont réparties les richesses ou l'accès aux ressources naturelles dans la génération présente dans tout optimum de Pareto.

L'apport des approches contextualisées (ou encore « décentralisées » pour l'économiste) est de fournir des moyens concrets d'évaluation des enjeux et de la résultante du jeu d'intérêts des acteurs en situation réelle. Par jeu d'intérêt, l'économie entend le résultat d'une combinaison de comportements et de positions des acteurs dans la société (ou de « rôles », mais le mot est vague). Ces approches peuvent chercher à prendre en compte l'ensemble des interactions entre tous les acteurs, ou se limiter aux interactions entre les acteurs d'intérêt dans le cadre d'un problème ponctuel. Dans le premier cas, l'analyse va traiter l'environnement naturel comme un « extérieur » à la société. Les analyses partielles, de loin les plus courantes, doivent, elles, articuler deux catégories « d'environnements » : l'environnement naturel et l'environnement social, c'est à dire l'ensemble des activités socio-économiques qui se déroulent en dehors de la sphère d'étude.

Venons en à la valorisation de l'environnement proprement dite. Commençons par les approches décontextualisées, de loin les plus simples à décrire. La valorisation étant comparative par nature, elle va pouvoir s'appliquer à la comparaison de l'intérêt économique de l'usage de différentes ressources naturelles, qu'elles soient renouvelables ou pas. Elle va aussi permettre d'identifier des régimes d'exploitation socialement efficaces pour ces différentes ressources, dans l'espace et dans le temps. Mais il va être également possible de comparer des ressources naturelles à des actifs artificiellement produits dans le système économique. Enfin, techniques de production et modes de consommation exerçant des impacts divers sur les ressources naturelles, ces impacts vont être pris en compte dans le calcul de la valeur des biens consommés dans l'économie ainsi que de la valeur des techniques de production qu'ils mobilisent. Les deux points suivant en donnent quelques exemples polaires.

VALEUR ET USAGE OPTIMAL D'UNE RESSOURCE EPUISABLE

Le problème général posé par l'utilisation d'une ressource non renouvelable est le suivant : consommer cette ressource aujourd'hui c'est se priver de la possibilité de la consommer demain. En termes économiques cela se traduit par la nécessité pour la société de comparer le bénéfice social à la marge de l'usage présent vis à vis de l'usage futur. Un plan optimal (au sens de Pareto) doit donc dans la mesure du possible égaliser dans le temps ce bénéfice marginal. La perte d'usage futur induit ainsi un élément de rente dans la valeur présente de la ressource, élément appelé « rente de rareté » et s'identifiant à la perte sociale future induite par le choix de consommation présente. Pour le critère le plus usuel en économie, qui est celui de la maximisation d'une somme de fonctions de bien-être dépendant de la consommation de ressources, actualisées à un taux constant, appelé taux de préférence pour le présent, on vérifie facilement que cette rente devrait croître exponentiellement dans le temps.

VALEUR ET EXPLOITATION OPTIMALE D'UNE RESSOURCE HALIEUTIQUE

L'analyse classique de l'utilisation des ressources halieutiques repose sur une fonction de croissance de la biomasse exploitable (le stock de poissons accessibles) dépendant de la densité. La loi de croissance logistique en constitue le cas le plus simple. Selon l'intensité des préférences, l'effort de pêche va conduire soit à l'extinction de la population, soit à son maintien à un niveau constant, niveau inférieur à la capacité de charge du milieu. Dans le cas le plus simple où le prélèvement n'induit aucun coût spécifique, la productivité marginale du stock en terme de potentiel de croissance, c'est à dire la dérivée de la loi de croissance par rapport au stock, doit s'identifier au taux de préférence pour le présent à l'état stationnaire.

Ces approches très stylisées n'ont qu'un faible intérêt pour une gestion concrète des ressources naturelles. Ils illustrent néanmoins qu'il est impossible de concevoir cette gestion uniquement sur des bases techniques, physiques ou biologiques. Dans tous les cas, il apparaît que le niveau optimal de pression anthropique sur les ressources dépend des préférences collectives, en particulier de la préférence pour le présent de la société, et ceci quel que soit les modes d'organisation de cette société.

Faute d'une définition du contexte, les approches précédentes ont peu de déclinaison possible dans le champ de la recherche appliquée. Leur objet est de fournir un cadre de réflexion de référence. Il serait alors tentant de les classer dans la catégorie des analyses « pour chercheurs », peu susceptibles d'intéresser la décision publique ou privée. Ce serait certainement une erreur, car tout discours partant de l'analyse de situations concrètes et nourrissant la moindre ambition normative, en termes de « bonnes » ou de « mauvaises » politiques environnementales par exemple, se doit de préciser son critère de référence du « bien » et du « mal ». De nombreux regards ou opinions portés dans le débat public sur le « ce qu'il faut faire pour protéger l'environnement » souffrent de ce défaut, et, de ce fait, sont d'une portée assez difficile à apprécier. J'insiste encore une fois sur le fait que ce problème est en partie indépendant de celui d'une prise en compte correcte des contraintes institutionnelles ou culturelles portant sur les politiques possibles, question sur laquelle se focalisent volontiers les analyses critiques des approches sociétales et politiques de la gestion de l'environnement.

J'en viens maintenant aux approches contextualisées. L'enjeu important ici concerne la manière dont les acteurs réagissent au contexte institutionnel et organisationnel, ce que l'économie appelle les incitations exercées sur les agents économiques. De l'examen de ces réactions va pouvoir découler une analyse des performances incitatives de telle ou telle décision ou mode d'organisation sociale visant à protéger l'environnement. Si l'apport de ces approches pour une analyse réaliste des enjeux est assez clair, leur difficulté est de ne pas s'enfermer dans le contexte qu'elles étudient, ce dernier pouvant difficilement être considéré comme une donnée. Un des enjeux de l'appui économique à la décision publique, ou de ce qu'on appelle aujourd'hui l'économie de la gouvernance, est justement d'identifier les schémas institutionnels les mieux adaptés aux objectifs politiques poursuivis. Une autre difficulté est de pouvoir raccorder les conclusions de l'analyse à des cadres de référence non dépendants du contexte, c'est à dire aux approches décontextualisées esquissées précédemment.

Je vais aborder la question à partir du concept d'effet externe dans l'analyse coûts - bénéfices.

EFFETS EXTERNES ET ANALYSE COUTS - BENEFICES

L'économie appelle effet externe ou externalité, l'effet « physique » de l'action d'un ou plusieurs acteurs économiques (ménages, entreprises) sur les possibilités d'action d'un ou plusieurs autres acteurs. Ces effets sont dits positifs s'ils augmentent ces possibilités d'action et négatifs dans le cas contraire. Par effet « physique », l'économiste entend des impacts qui ne transitent pas par les systèmes d'échange ou d'allocation des ressources dans le système économique. Ainsi, les phénomènes de pollution seront traités comme des externalités négatives, l'immunité conférée par le choix d'individus de se vacciner comme un vecteur d'externalité positive pour la communauté à laquelle ils appartiennent.

Quelques remarques préalables seront utiles pour clarifier les implications de cette définition.

- Tout d'abord, l'intensité de l'effet externe, son « impact », va dépendre autant du comportement de l'émetteur (du « pollueur » par exemple) que du récepteur de l'effet externe (le « pollué »). Il en résulte que les analyses classiques par fonction dose-réponse ou par « fonctions d'impact » physique ou biologique doivent être traitées avec précaution, ces analyses négligeant en général la grande variabilité des situations sociales et des comportements des personnes impactées.

- Le comportement des acteurs est influencé par les comportements des autres. Il en résulte des difficultés particulières à décrire les comportements comme des fonctions de réactions optimales aux comportements des autres.

- Le concept d'effet externe met en avant que pour un acteur économique ce sont les comportements des autres qui comptent. En d'autres termes la référence à des indicateurs de « pollution » globale, exprimés en unités physiques de tel ou tel « contaminant », n'est ni nécessaire ni forcément pertinente pour une régulation des effets externes. Cette référence est néanmoins pertinente pour discuter des impacts subis par les milieux naturels eux-mêmes, bien entendu.

- Les effets externes peuvent être *personnels* ou *impersonnels*. Dans le premier cas (pollution de l'eau par une usine), des moyens de régulation et de contrôle ciblés peuvent être envisagés et la mesure économique des dommages subis par la société imputée à la source de pollution. Dans le second cas (gaz d'échappement des voitures, pollutions diffuses par l'agriculture), une telle imputation est impossible à coût raisonnable. La référence à des indicateurs globaux de « pollution » devient alors pertinente, mais le problème des incitations individuelles à une maîtrise de la pollution collective reste entier.

La présence d'effets externes tend à détruire l'équivalence entre optimum de Pareto (qui décrit une situation socialement efficace) et système de marchés concurrentiels, équivalence qui est au cœur de l'analyse économique standard. L'économie parle de défaillance du marché pour désigner ce type de problème. Polluer l'environnement apparaît comme la manière la moins coûteuse de se débarrasser des déchets de son activité pour les acteurs économiques, qu'il s'agisse d'entreprises ou de familles. C'est une conséquence de l'absence de marché, et donc de prix, pour la pollution, ce qui conduit des agents économiques uniquement réactifs aux signaux de valeur et de prix qui circulent dans le système économique à négliger les conséquences environnementales de leurs comportements.

Dans ce contexte, l'objectif premier de l'analyse économique va être de construire et de dimensionner des instruments d'intervention publique susceptibles de restaurer l'efficacité ou du moins de rapprocher le fonctionnement de l'économie d'une situation socialement efficace. Il convient donc d'identifier au préalable ce que serait une situation socialement optimale en présence d'effets externes environnementaux. Notons tout de suite que ce qui justifie l'intervention publique dans cette approche n'est pas en premier lieu la sauvegarde des milieux naturels, mais le fait que les agents économiques, en altérant l'environnement, créent des nuisances pour d'autres agents, nuisances non prises en compte par le système de marché.

Plus précisément, un optimum de Pareto ne correspond pas en général à une situation de pollution zéro ou d'absence d'impacts négatifs des activités humaines sur l'environnement. Il décrit en fait une situation où les bénéfices marginaux sociaux d'une réduction des atteintes anthropiques à l'environnement sont justes égaux aux coûts marginaux sociaux d'une telle réduction. Il est clair que si ces coûts sont très élevés et les bénéfices faibles, le niveau de pollution efficace qui en résultera pourra être très élevé, tellement élevé qu'il se traduira par une agression importante de l'écosystème. Le seul souci des pouvoirs publics étant, dans cette théorie, d'atteindre le niveau de pollution efficace, rien n'implique donc que l'action publique doive se traduire par un niveau satisfaisant de protection des milieux naturels.

La conséquence pratique importante d'une telle vision de la politique environnementale, c'est qu'elle doit être évaluée selon les canons de l'analyse coûts bénéfices, et en particulier s'appuyer, dans toute la mesure du possible, sur des évaluations monétaires des bénéfices retirés par la société de l'environnement, qu'ils soient de nature marchande ou non marchande. La comparaison de ces bénéfices avec les coûts d'atteinte d'objectifs de qualité de l'environnement doit alors fournir la clé de détermination d'un niveau socialement efficace de qualité de l'environnement, niveau, je le répète, en principe défini sur des bases économiques et sociales, et pas prioritairement sur des considérations biologiques ou écologiques.

On comprend ainsi pourquoi une part très importante de l'activité des économistes de l'environnement porte sur la mesure des coûts et des bénéfices des politiques environnementales. A cette activité est associée une littérature considérable centrée sur les problèmes méthodologiques de mesure et de validation des évaluations, en particulier pour le cas délicat des valeurs non marchandes associées à l'environnement. Cette production scientifique sert de base à la rédaction de multiples rapports et expertises pour le compte d'organismes publics, mais aussi d'entreprises privées ou d'ONG dans le cadre du lobbying environnemental.

L'ECONOMIE DE LA REGULATION ENVIRONNEMENTALE

Pour conclure, j'aimerais aborder quelques uns des problèmes posés par la régulation économique en matière d'environnement.

La puissance publique dispose de toute une batterie de canaux d'intervention potentiels, allant d'outils juridiques et réglementaires à des outils économiques en passant par des systèmes de normes, de contrats ou de permis, voire de traités ou de chartes au niveau international.

Le principe général des outils économiques est de faire supporter à l'émetteur d'un effet externe une contribution calculée sur la base de sa contribution marginale à l'effet externe subi par l'ensemble de la collectivité. Ces contributions peuvent prendre la forme d'une taxe, d'un permis alloué selon paiement (marché de droits à polluer), d'une norme (dans ce cas, la contribution est une réduction imposée de certaines émissions, réduction qui se traduit par des coûts supplémentaires pour le pollueur) ou d'un contrat qui stipule un effort du pollueur à la réduction de l'effet externe assorti d'une aide publique à cet effort.

En l'absence de contraintes institutionnelles ou informationnelles, on peut démontrer que tous ces instruments peuvent être rendus équivalents en terme d'efficacité, et qu'ils peuvent tous permettre de restaurer l'optimalité au sens de Pareto. Pour cela, ils doivent satisfaire à certaines conditions : les taxes doivent être individualisées, ainsi que les normes ou les permis. Cela est rarement le cas en pratique. Par ailleurs, leur calcul suppose une évaluation préalable du niveau optimal de pollution, un problème redoutable, on l'a vu. Notons aussi que ces outils ne sont pas neutres : dans l'optimum qu'ils réalisent, il y aura des perdants et des gagnants par rapport à la situation antérieure de non intervention publique.

Mais l'action publique s'inscrit dans un contexte institutionnel et informationnel plus ou moins contraignant. En démocratie, on ne peut pas décréter que n'importe quoi est d'utilité publique (ou d'inutilité publique et devrait donc être interdit). Par ailleurs la définition et la conduite d'une politique publique requièrent de disposer d'une quantité importante d'informations. Or, en matière environnementale comme ailleurs, cette information peut ne pas exister (incertitude scientifique par exemple), être détenue par des agents privés qui n'ont aucun intérêt à la divulguer (informations industrielles), ou même intérêt à la falsifier (déclarations de rejet).

Dans de telles situations, l'autorité publique est dans l'incapacité de bâtir une politique restaurant l'optimalité du fonctionnement de l'économie. On peut alors s'intéresser à des critères moins ambitieux, correspondant à la moins mauvaise allocation possible des ressources étant donné un ensemble de contraintes informationnelles et institutionnelles. On appelle *optimum de premier rang* l'optimum de Pareto défini plus haut, et *optimum de second rang* une telle moins mauvaise allocation possible.

L'univers du second rang paraît déjà un petit peu plus réaliste que le monde de la théorie standard, qui n'est, si on le regarde bien, qu'un modèle physique d'équilibre de forces dans un système sans frottements ni contraintes de structure. Pour ce qui nous concerne, il nous faut tout d'abord noter que l'on peut montrer l'existence d'optimums de second rang dans une économie avec effets externes, mais qu'il n'est plus possible d'assurer l'équivalence entre les performances des instruments de l'action publique. Les préceptes usuels de la doctrine économique peuvent même se trouver complètement renversés. Par exemple, la norme uniforme, si décriée par les économistes comme « inefficace », peut se révéler plus efficace que la taxe dans un monde de second rang. La théorie de la régulation publique, une théorie économique qui s'attache à étudier les problèmes de second rang, enseigne que confronté à des asymétries d'information, le régulateur doit consentir des rentes aux agents privés afin d'obtenir la révélation de l'information pertinente pour ses décisions. Pire encore, dans un contexte répété, il se peut qu'il doive s'engager à ne pas utiliser contre eux l'information acquise, et donc à ne pas remettre en question leurs rentes de situation (un encouragement à l'incurie et au gaspillage de l'argent public).

Depuis quelques années, ce thème s'est encore élargi à l'idée que le décideur public n'est pas forcément soucieux d'efficacité sociale mais peut être l'objet d'une capture plus ou moins étendue par des intérêts privés ou des considérations électorales. Ce thème d'étude est également important pour sonder la capacité d'intérêts privés (fonds de pension « éthiques » par exemple) à prendre en charge des fonctions d'intérêt collectif ou l'efficacité de mécanismes de chartes ou d'engagements volontaires de la part des entreprises. On entre ainsi dans un domaine spécifiquement d'économie politique en plein essor actuellement dans la littérature économique.

Initiées dans le champ de l'économie théorique, ces analyses peinent à trouver des débouchés appliqués voire finalisés en contexte d'expertise. Les raisons en sont assez évidentes : difficultés d'accès aux informations stratégiques pertinentes, complexité des situations d'intérêt, nécessité d'une collaboration directe avec les décideurs et donc de construction d'une relation de confiance, ce qui pose des problèmes d'objectivité et de posture du scientifique dans le débat. En dépit de ces difficultés, on assiste néanmoins depuis quelques années à un développement significatif des études appliquées sur ces questions, source d'un retour critique sur les présupposés de l'analyse théorique des plus utiles.

LES SCENARIOS CLIMATIQUES DE RECHAUFFEMENT

Michel DÉQUÉ, Eric MARTIN et Joël NOILHAN

Météo-France / Centre National de Recherches Météorologiques

Toulouse

INTRODUCTION

Le climat n'est ni une représentation statique de notre planète, conditionnée par la latitude, les reliefs environnants et la proximité d'un océan, ni un paramètre instable secoué chaque année par la succession d'événements fortement médiatisés. L'Organisation Météorologique Mondiale[9] a défini comme climat l'ensemble des paramètres statistiques de la distribution des variables météorologiques sur une période de 30 ans. Cette définition n'exclut pas que sur un siècle le climat puisse évoluer, mais rejette l'attribution de fluctuations interannuelles à une expression de l'évolution du climat. Les mesures faites au cours du 20ème siècle montrent sans l'ombre d'un doute que le climat a changé en de nombreuses régions du globe dont la France.

Que nous réserve le prochain siècle ? Les causes du réchauffement du 20ème siècle sont de plus en plus présentes, et le freinage par inertie de l'océan mondial jouera de moins en moins. Cependant de nombreux paramètres nous sont parfaitement inconnus. La démographie ne nous permet pas de voir clair au delà de la durée d'une vie humaine. L'économie et les évolutions politiques ont un horizon bien plus proche. Pour

---

[9] OMM, http://www.wmo.ch/index-fr.html

voir ce qui pourrait survenir après 2050, on a recours à des scénarios, c'est à dire des hypothèses plausibles. Il faut soigneusement éviter de les appeler des prévisions. Ces scénarios se traduisent, par le biais de différents modèles, en des conséquences pratiques sur les conditions de vie en France entre 2070 et 2100. Dans la chaîne des modèles, le modèle régional de climat traduit l'évolution de la composition chimique de l'atmosphère et de la température de surface de l'océan en conditions climatiques à l'échelle d'un pays.

Dans ce qui suit, nous montrons comment le modèle ARPEGE, qui est le modèle régional de Météo-France, réagit aux forçages résultats du scénario A2 du GIEC pour les paramètres de température et de précipitations. Pour illustrer l'incertitude liée à ces projections, nous montrerons aussi les résultats du modèle LMDZ de l'Institut Pierre Simon Laplace (IPSL).

Modelisation du Climat

La base du climat est la moyenne, car c'est le paramètre statistique le plus stable. Cependant la société est plus sensible aux extrêmes. L'étude de l'évolution de la fréquence des événements météorologiques extrêmes est limitée par une contrainte sévère: il faut des séries longues et homogènes. Plus le phénomène est rare, plus la série doit être longue. Pour estimer raisonnablement la fréquence d'un événement qui arrive en moyenne une fois tous les cinq ans, il faut cent ans de données. Or, au cours du siècle passé les observations n'ont pas été homogènes, et surtout on a de bonnes raisons de penser que le climat n'a pas été homogène (réchauffement de presque 1°C sur la France en moyenne en un siècle).

Une solution à ce problème vient des simulations numériques. On est sûr de l'homogénéité des séries produites, puisque on maîtrise leur production, et on n'est limité pour la durée des séries que par la puissance de calcul disponible. De plus, on peut décider d'imposer au modèle des changements plus drastiques que ceux subis depuis un siècle (par exemple doubler la concentration de dioxyde de carbone) et ainsi augmenter le rapport signal sur bruit et donc la capacité à discerner les impacts parmi les fluctuations naturelles. Le revers de la médaille est que les séries produites par un modèle n'ont pas la même distribution statistique que les séries observées. Le modèle, bridé par ses conditions de stabilité numérique, ne peut pas produire de valeurs paroxystiques.

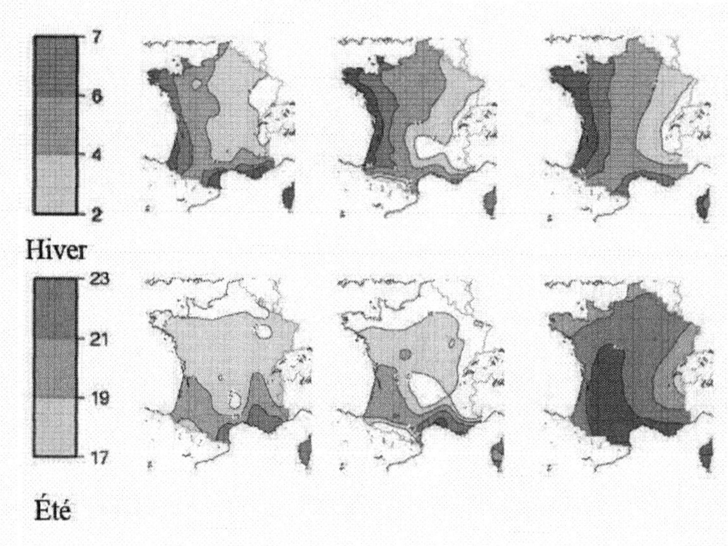

Figure 1: Température du climat présent (°C): de gauche à droite: observation, ARPEGE, LMDZ

La version régionale du modèle ARPEGE-climat de Météo-France (Gibelin and Déqué, 2003) offre, tout en couvrant le globe, une résolution de 60 km sur la France qui permet de représenter sommairement les principaux massifs montagneux de notre pays. Ce modèle a fait l'objet de trois simulations utilisant les conditions observées des années 1960 à 1989. Il est donc possible de calculer la distribution des températures et précipitations avec une bonne précision statistique et d'évaluer les contrastes géographiques et saisonniers sur la France.

Le modèle LMDZ de l'IPSL possède aussi une couverture globale, avec une résolution maximale de 150 km sur la France. Il a fait l'objet d'une simulation de 45 ans forcée par les conditions de 1985.

Les figures 1 et 2 montrent la température moyenne diurne et les précipitations pour les saisons d'hiver et d'été sur la métropole.

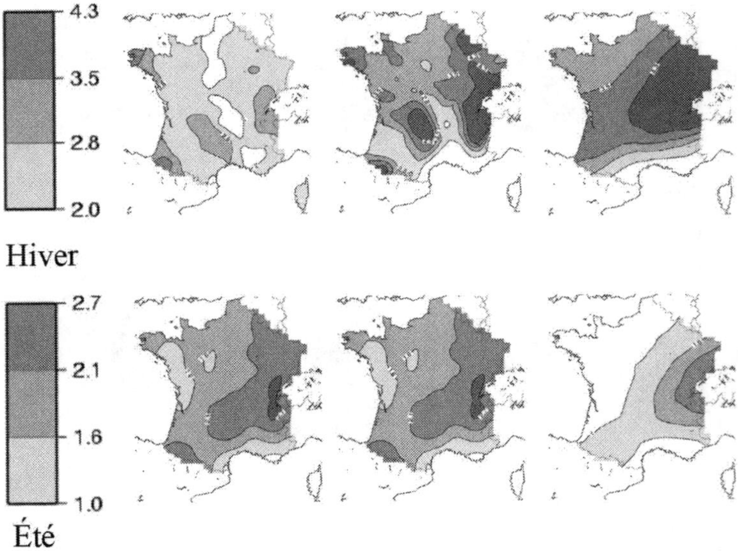

Figure 2: Précipitations du climat présent (mm/jour): de gauche à droite: observation, ARPEGE, LMDZ

La comparaison avec la climatologie observée du réseau de Météo-France pour la période 1960-1989 montre que malgré des défauts, les modèles approchent raisonnablement les caractéristiques du climat de l'hexagone.

Dans le cadre du projet européen PRUDENCE, le modèle ARPEGE a fait l'objet de trois simulations de 30 ans avec des conditions supposées pour les années 2070-2099 dans l'hypothèse du scénario A2 du GIEC[10] et les températures de surface de la mer fournies par le Hadley Centre (centre de recherche britannique).

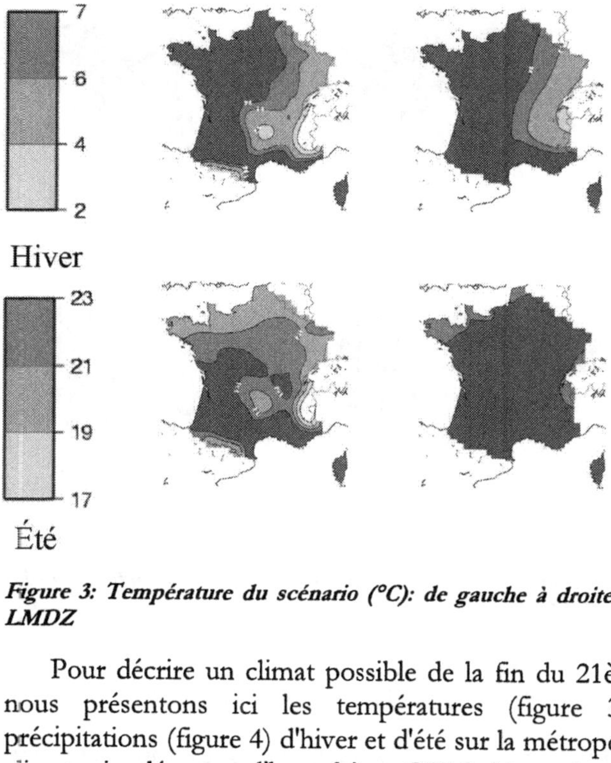

Figure 3: Température du scénario (°C): de gauche à droite: ARPEGE, LMDZ

Pour décrire un climat possible de la fin du 21ème siècle, nous présentons ici les températures (figure 3) et les précipitations (figure 4) d'hiver et d'été sur la métropole dans le climat simulé sous l'hypothèse GIEC-A2, qui correspond

---

[10] Le GIEC est l'acronyme français pour l'Intergovernmental Panel for Climate Change IPCC, http://www.ipcc.ch/

grosso modo à un triplement de concentration de dioxyde de carbone entre la valeur préindustrielle et celle de 2100. Le modèle LMDZ a utilisé un scénario de température de la mer différent, calculé avec une version couplée du modèle. La simulation couvre 45 ans en conditions de 2085 perpétuelles (scénario de concentration A2).

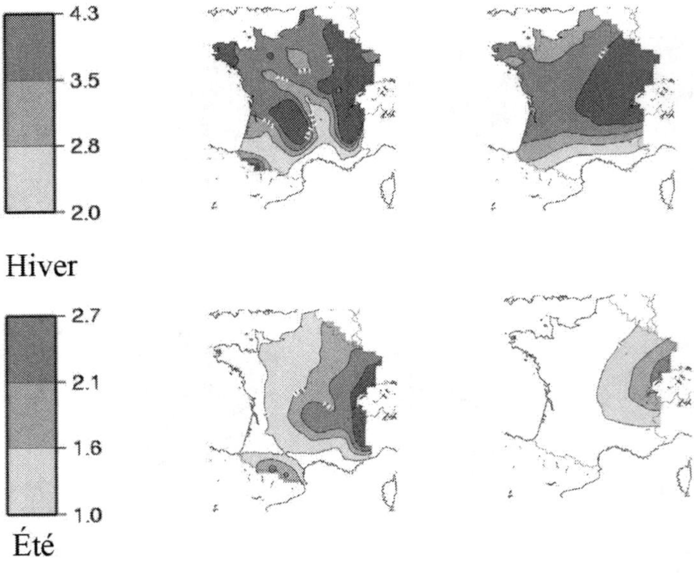

Figure 4: Précipitations du scénario (mm/jour): de gauche à droite: ARPEGE, LMDZ

SCENARIO CLIMATIQUE : EXTREMES

L'évolution des extrêmes climatiques est un sujet plus difficile à traiter. Il y a pour cela trois raisons. La première est que le public confond extrême climatique et extrême météorologique. La tempête de 1999, les crues cévenoles de ces dernières années, la canicule de 2003, sont avant tout des extrêmes météorologiques, comme la sécheresse de 1976, les crues catalanes de 1940, la vague de froid de 1985. Pour avoir droit au label « climatique », il faut montrer que ces phénomènes échappent à la variabilité décrite (ou extrapolée) par les statistiques d'une série de référence assez longue (typiquement 30 ans). Les statistiques étant ce qu'elles sont (deux crues centennales peuvent se succéder à deux ans d'intervalle), il faut disposer d'explications physiques pour affirmer que la fréquence d'un tel événement est en train de changer. La deuxième raison est la sensibilité de notre mode de vie à tout phénomène météorologique s'écartant du standard. Ceci engendre un sentiment de crainte, qui existait déjà dans un passé lointain, quand un aléa météorologique mal placé impliquait une famine jusqu'à la récolte suivante. La troisième raison est plus subtile. Par construction statistique, un impact modéré sur la moyenne ou la variance se traduit par un impact modéré sur les fréquences, sauf dans la plage des extrêmes, c'est à dire des phénomènes observés parfois, mais rarement dans le climat qui sert de référence. C'est ainsi qu'on peut dire, d'après nos scénarios, que la fréquence des températures supérieures à 35°C pourrait être multipliée par 10, alors que la fréquence des températures supérieures à 20°C ne change que modérément. Quant à la fréquence des températures supérieures à 50°C, elle ne bouge pas beaucoup non plus.

L'étude des phénomènes extrêmes sur la France a été traitée par le projet IMFREX du programme national Gestion et Impacts du Changement Climatique. On trouvera de nombreux résultats sur le site de MEDIAS à l'adresse suivante : http://www.medias.cnrs.fr/imfrex/.

Les Etudes d'Impact Climatiques : Principes

La principale source d'information des études d'impacts climatiques est constituée par les modèles de circulation générale. L'utilisation directe de données interpolées est en général peu satisfaisante car celles-ci sont représentatives de zones assez grandes. De plus, elles ne possèdent pas des propriétés réalistes pour ce qui concerne leur distribution statistique (écart-type, valeurs extrêmes), or la plupart des systèmes hydrologiques sont sensibles à la variabilité et aux valeurs extrêmes (pluies intenses, sécheresses).

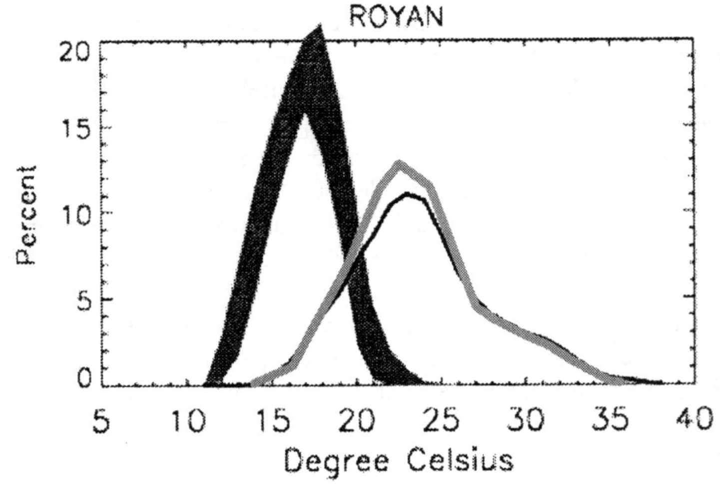

Figure 5 : Fonction de distribution de probabilité pour la température maximale en été. Trait gras : distribution observée. Gris foncé : distribution établies à partir de deux simulations du climat présent. Gris clair : distribution établie à partir des mêmes simulations et d'une méthode de régionalisation.

Pour passer de l'échelle du modèle de circulation générale à celle nécessaire pour une étude d'impact, on utilise des méthodes de régionalisation. L'utilisation d'un modèle régional a échelle fine couplée à un modèle de circulation générale est qualifiée de méthode de régionalisation dynamique. Ces méthodes sont prometteuses mais très coûteuses en temps calcul. L'autre moyen de régionaliser les sorties de modèles de circulation générale est d'utiliser des méthodes de régionalisation statistiques, qui relient caractéristiques du climat à grande échelle et climat local.

Les méthodes de régionalisation statistiques sont basées sur l'hypothèse que le climat régional est conditionné par deux facteurs : la climatologie à grande échelle et des effets locaux (relief, contraste terre - mer, utilisation du sol). Dans un premier temps, un modèle statistique est établi entre climat régional ou local, et variables à grande échelle pour le climat présent. Ensuite, les résultats des modèles de circulation générale dans les scénarios sont utilisés en entrée de ce modèle statistique pour en déduire un nouveau climat régional. Il existe de nombreuses méthodes de régionalisation statistiques. Les méthodes statistiques utilisées sont : régression multiples, réseaux neuronaux, corrélation canonique, classification des types de circulation atmosphérique.

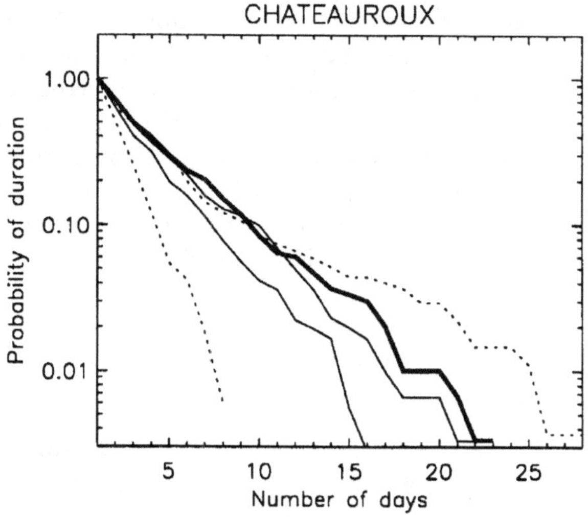

Figure 6 : Probabilité de durée d'épisodes secs en été à Châteauroux. Trait gras : observation. Traits fins : distribution obtenue par la régionalisation de deux simulation du climat présent. Traits pointillés : distribution à partir des mêmes simulations du climat présent interpolées.

Des générateurs stochastiques de temps sont aussi utilisés. Dans ce cas, il n'y a pas de relation directe avec les sorties des modèles de circulation générale, mais ces derniers servent pour estimer les paramètres de ces générateurs. Enfin des méthodes par analogue (recherche dans une base de donnée de référence de situations la plus proche possible des simulations des modèles de circulation générale) peuvent aussi être mises en oeuvre.

Un des avantage des ces techniques est qu'elles sont très peu coûteuses, contrairement aux simulations climatiques à très haute résolution. Elles peuvent aussi être appliquées à des simulations de plusieurs modèles de circulation générale. Leur principal intérêt est qu'elles peuvent produire des résultats locaux ayant des propriétés statistiques adéquates, ce qui est souvent nécessaire pour des études d'impact. Ces méthodes ont aussi des limitations qui sont liées au fait que l'hypothèse de base (la liaison entre climat à grande échelle et climat local ne varie pas si le climat change) ne peut être vérifiée. Les figures 5 et 6 illustrent l'apport des méthodes de régionalisation par rapport à l'utilisation directe des sorties de modèles climatiques, dans ce cas des méthodes par analogie (Timbal et al., 2003). On remarque que la distribution statistique de température est nettement plus réaliste après régionalisation (figure 5). De même, la probabilité d'occurrence de périodes sèches est également plus conforme à la réalité (figure 6).

ETUDES D'IMPACTS CLIMATIQUES SUR L'HYDROLOGIE

Des premières études d'impact hydrologique du changement climatique ont été conduites sur les grands bassins versants français mais en considérant des méthodes de régionalisation extrêmement faibles. Une des questions posées concernait l'évolution des ressources en eau (eau du sol, neige, évaporation, ...) et des débits dans une cinquantaine d'années sous hypothèse d'un climat modifié sous l'effet d'un doublement de la concentration du CO_2 atmosphérique. Il s'agissait ainsi de s'intéresser aux modifications attendues du cycle saisonnier de l'eau sous différents contextes climatiques (océanique, méditerranéen, montagnard, etc.). Ainsi ce sont uniquement les anomalies mensuelles de précipitations et de températures par rapport a la période actuelle, anomalies prévues par un ensemble de modèles de climat, qui ont été considérées et combinées de façon très simples aux séries climatiques actuelles.

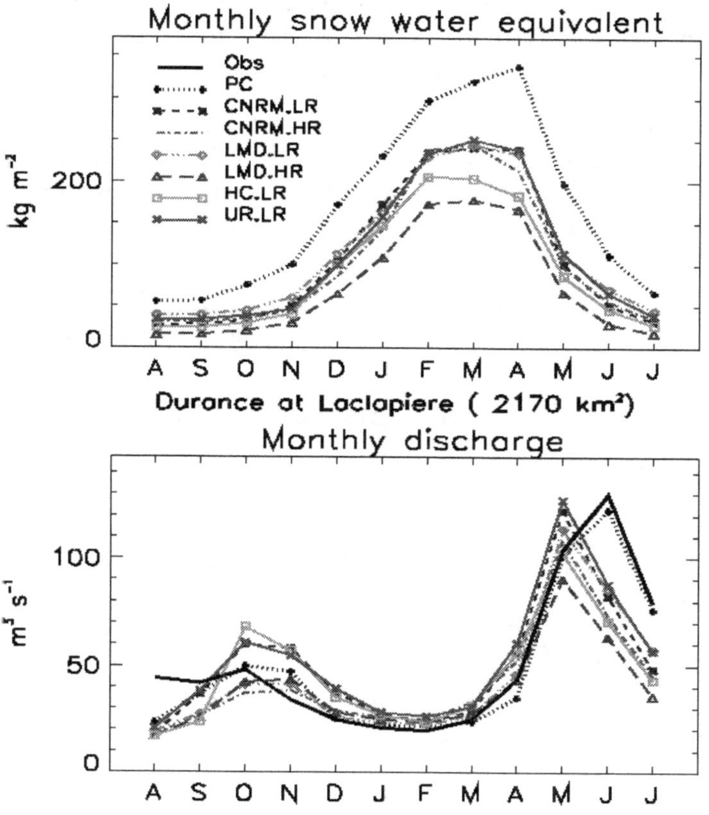

Figure 7: Evolution du manteau neigeux (équivalent en eau de la neige-haut) et des débits du bassin de la haute Durance (bas) sous l'effet du changement climatique simulé par 6 scénarios de modèles climatiques (Etchevers et al., 2002)

Ainsi les éléments du climat futur sont établis en modifiant les variables actuelles par une anomalie relative (précipitation) ou absolue (température de l'air) simulées. L'hypothèse est faite que, malgré leur imprécision, la sensibilité des modèles de circulation générale est exploitable pour évaluer les impacts potentiels sur les hydrosytèmes. Après interpolation sur une grille régulière avec une résolution de 8 km, les éléments du climat modifié sont utilisés pour forcer un modèle hydrométéorologique régional capable de simuler le cycle continental de l'eau en interaction avec la météorologie et des cartes de végétation et de sol réalistes.

Une autre hypothèse de travail est d'utiliser un modèle hydro météorologique bien étalonné sur le climat actuel et capable de reproduire la variabilité saisonnière observée du cycle de l'eau (eau du sol, neige, flux de surface, bilan d'énergie dans le sol, …) et des débits.

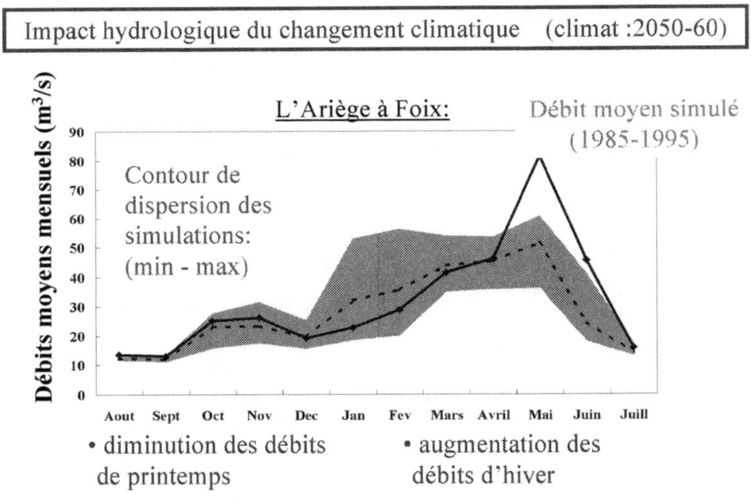

Figure 8 : Impact hydrologique du changement climatique de l'Ariège à Foix. La zone grisée indique l'enveloppe des débits futurs (simulés par SIM forcés par 7 GCM) et est à comparer avec la courbe continue qui correspond au débit mensuel moyen actuel (période de référence 1985-1995).

Ceci a pu être réalisé pour le modèle Safran – Isba – Modcou (modèle SIM) qui a été soigneusement étalonné sur les bassins versants de l'Adour – Garonne (Habets et al., 1999), du Rhône (Etchevers et al., 2002) et de la Seine (Rousset et al., 2005). La capacité du modèle à reproduire l'hydrologie des grands bassins en fonction des contrastes climatiques a été bien montrée sur de longues périodes de temps. Ces simulations de référence servent de conditions de référence pour les simulations modifiées.

Le climat attendu sur le Sud de la France pour des conditions de doublement de CO2 se caractérise par une augmentation de la température de l'air mensuelle en moyenne de 2 K (l'hiver) à 4 K (l'été) et par une anomalie de précipitations négative l'été et positive en automne et au printemps. Les divers compartiments du cycle de l'eau continental apparaissent significativement affectés par la hausse de la température moyenne de l'air, par l'augmentation des précipitations hivernales et leur diminution estivale. Ceci conduit à une réduction de l'accumulation hivernale de neige et une fonte beaucoup plus précoce au printemps. Il s'en suit une modification notable des régimes hydrologiques des bassins à réponse nivale. C'est le cas du haut bassin de la Durance (figure 7) ou encore de l'Ariège à Foix (figure 8). Le Sud du bassin du Rhône semble le plus affecté pendant l'été du fait de la conjonction la plus forte entre réduction des précipitations et augmentation de l'évapotranspiration potentielle.

Conclusion

Le principal impact sur la France du changement climatique est:

- une augmentation de la température en toutes saisons ;
- une augmentation des pluies d'hiver ;
- une diminution des pluies d'été.

En ce qui concerne l'évolution des phénomènes extrêmes, les résultats d'IMFREX proposent, avec un indice de confiance décroissant:

- plus de canicules, de sécheresses, moins de vagues de froid ;
- des précipitations hivernales et de printemps plus abondantes sur la partie nord, avec augmentation du risque de crue ;
- des tempêtes plus nombreuses sur le nord, moins nombreuses sur le sud du pays.

L'étude d'impact hydrologique n'a pu aborder à ce jour la variation des fréquences des événements extrêmes dans un climat modifié. Les limites actuelles des modèles de circulation générale (physique et résolution) ne permettent pas encore de discerner clairement une évolution possible des phénomènes extrêmes, pas plus d'ailleurs que l'analyse statistique de ces épisodes pour le climat actuel. Cependant, les recherches en cours évoquées au début de cet article indiquent déjà des modifications probables de la distribution des types de temps, avec pour nos latitudes, des conditions qui seraient plus favorables au développement de tempêtes ou d'événements de précipitations intenses sur le nord de la France. L'établissement de relations entre les régimes de temps à grande échelle et les distributions statistiques des évènements rares à l'échelle régionale est un sujet de recherche de première priorité, en particulier pour étendre l'étude précédente à des pas de temps plus appropriés à ces évènements localisés à réponse rapide (épisodes torrentiels cévenols par exemple).

REFERENCES

CABALLERO Y. et J. NOILHAN (2002) Etude de l'impact du changement climatique sur le bassin Adour - Garonne :

calage du modèle et premiers résultats. Rapport No 21 CNRM-Agence de l'eau, Novembre 2002, 50 pp.

ETCHEVERS P., GOLAZ C., HABETS F. and J. NOILHAN (2002) Impact of a climate change on the Rhone river catchment hydrology, J. Geophys. Res., 107(D16), 10.1029/2001JD000490.

GIBELIN, A. L. and M. DEQUE (2003) Anthropogenic climate change over the Mediterranean region simulated by a global variable resolution model, Climate Dynamics 20, 327-339.

HABETS F., J. NOILHAN, C. GOLAZ, J.-P. GOUTORBE, P. LACARRÈRE, E. LEBLOIS, E. LEDOUX, E. MARTIN, C. OTTLE and D. VIDAL-MADJAR (1999) Implementation of the ISBA surface scheme in a distributed hydrological model applied to the Hapex-Mobilhy area. Part I Model and data base, J. Hydrol., 217, 75-96.

NOILHAN, J., A. BOONE and P. ETCHEVERS (2001) Application of climate change scenarios to the Rhone basin. In *Applying Climate Scenarios for Regional Studies with particular reference to the Mediterranean*, Rapport No 4 ECLAT 2, Planton S., C. Hanson, D. Viner and M. Hoepffner (Eds), Toulouse, 25-27 octobre 2000, 58-74.

ROUSSET F., F. HABETS, E. GOMEZ, P. LE MOIGNE, S. MOREL, E. LEDOUX and J. NOILHAN (2004) Hydro-meteorological modelling of the Seine basin using the Safran-Isba-Modcou model, J. Geophy. Research, 109, D14105, doi:10.1029/2003JD004403.

TIMBAL B., DUFOUR A. and B. Mc AVANEY (2003) An estimate of future climate change for western France using a statistical downscaling technique, Climate Dynamics, 20, 807-823.

GESTION DU MILIEU ATMOSPHERIQUE : CONTEXTE REGLEMENTAIRE ET GESTION PARTENARIALE - LE CAS DE LA SURVEILLANCE DE LA QUALITE DE L'AIR

Christian ELICHEGARAY

ADEME Agence de l'Environnement et de la Maîtrise de l'Energie

Au-delà des travaux traitant des aspects physico-chimiques de la pollution de l'air, il s'agit ici de donner des éléments et quelques points de vue sur la manière dont les problèmes de pollution de l'air sont perçus, et gérés, notamment au plan réglementaire. Cette gestion cherche d'ailleurs de plus en plus souvent en France à faire appel à des approches se voulant partenariales et consensuelles, et on insistera à ce titre un peu plus sur l'exemple de la surveillance de la qualité de l'air.

QUELQUES CARACTERISTIQUES DES PROBLEMATIQUES DE QUALITE DE L'AIR

- La pollution de l'air : une problématique multi-échelles.

Il est bien établi que les phénomènes de pollution atmosphérique se caractérisent par une grande diversité spatiale et temporelle et peuvent tout autant concerner les zones urbaines et le voisinage d'installations polluantes que l'atmosphère planétaire ; les principales manifestations de la pollution atmosphérique sont en effet les suivantes :

- pollutions en milieux urbains et industriels générateurs avant tout, à cette échelle, de risques sanitaires ;
- pollutions régionales et transfrontalière (sous forme photochimique et acide), dont les effets concernent la santé de l'homme et celle des écosystèmes aquatiques et terrestres ;
- problèmes planétaires liés à l'amincissement de la couche d'ozone et à la hausse des gaz à effet de serre.

Ces divers phénomènes de pollution de l'air sont en fait très étroitement couplés car ils découlent d'espèces chimiques et de polluants souvent identiques (composés du soufre, du carbone, de l'azote, etc.) ou de composés qui interagissent dans l'atmosphère au travers de multiples processus physiques et chimiques (cas des NOx et des COV qui produisent de l'ozone dans la troposphère à partir de réactions photochimiques). Ce constat incite de plus en plus, contrairement aux politiques plus anciennes qui cherchaient à traiter chaque problème polluant après polluant, à la mise en œuvre de politiques de prévention du type "multi polluants" et multi effets " telles que celles adoptées dans le cadre de la CEE/ONU et de l'Union européenne.

Bien entendu, les risques liés à ces perturbations ne sont pas de même nature selon l'échelle spatio-temporelle concernée. Les changements de la composition chimique de l'air à l'échelle planétaire se manifestent entre autre par un accroissement des teneurs en gaz à effet de serre tels que le gaz carbonique ou le méthane, et génèrent principalement un risque de modification indésirable du climat de la planète.

La question de l'effet se serre est en outre très étroitement liée à celle de l'énergie et à l'usage de ressources fossiles, et pose en définitive la question des choix de développement et des modèles de société que nous souhaitons adopter. En revanche nos régions, sont confrontées à des pollutions locales, en zones industrielles ou urbaines par exemple, qui présentent surtout des risques vis à vis de la santé de l'homme du fait des teneurs en polluants tels que les oxydes de soufre, les oxydes d'azote, les particules, qu'on peut alors rencontrer. D'autres formes de pollution se manifestent également aux échelles intermédiaires dans nos régions, en zones rurales distantes parfois de plusieurs centaines de kilomètres de sources d'émission polluantes, notamment sous forme de pollutions acido-oxydantes. Elles peuvent affecter les écosystèmes et résultent de polluants primaires émis localement, puis transportés par les vents à plus ou moins longue distance.

Problèmes de Pollution Atmosphérique	Principaux Polluants Concernés	Principaux Risques
changement local : pollutions urbaines et industrielles	SO2,NOx, COV, poussières,...	atteintes sur la santé de l'homme, sur les matériaux,...
pollutions régionales : pluies acides, eutrophisation, pollution photochimique	SO2,NOx, NH3, O3, PAN,...	dommages sur les écosystèmes
changement global : amincissement de la couche d'ozone, effet de serre	CFC, NOx CO2, CH4, N2O, O3	dégradation des écosystèmes et modification du climat

Les évolutions récentes en France

Les problèmes de pollution atmosphérique ont évolué depuis les années 1970/1980 en raison de la baisse des émissions des sources fixes et de la croissance du parc et du trafic automobile. La baisse de la pollution par les sources fixes résulte des réglementations en vigueur et d'une forte pénétration de l'électricité, dont une large part est en France d'origine nucléaire ou hydraulique, dans les procédés industriels et les usages domestiques.

En revanche, la part due à la circulation automobile dans le bilan global des rejets est devenue plus importante, en agglomération notamment, du fait de la croissance du parc et du trafic automobile, et en dépit des progrès importants en matière d'émissions unitaires des véhicules (36 millions de véhicules particuliers ou utilitaires en 2005 contre environ 28 millions en 1990). La France se caractérise en outre par une forte diésélisation de son parc automobile (51% du parc automobile roulant en 2005, contre environ 20% en 1990). Par comparaison avec les moteurs à allumage commandé, les émissions Diesel sont, en l'état actuel des technologies et des normes (2005), plus élevées pour les particules et les oxydes d'azote, mais moins élevées en oxydes de carbone et hydrocarbures.

D'une manière générale la qualité de l'air des agglomérations s'est globalement améliorée depuis 20 ans, mais dans le même temps, l'urbanisation et la part croissante du trafic automobile peuvent provoquer localement des situations de forte exposition à la pollution de l'air, ainsi que de nouvelles formes de pollution liée par exemple à la présence de benzène dans les carburants. Nos régions tendent également à être plus fréquemment soumises que dans le passé à des pollutions par l'ozone (pollution photochimique). La croissance du parc Diesel en France pose par ailleurs un problème spécifique du fait de ses émissions de fines particules inhalables et toxiques. Les fines particules, sont couramment associées à des pathologies cardio-respiratoires dans la plupart des études épidémiologiques.

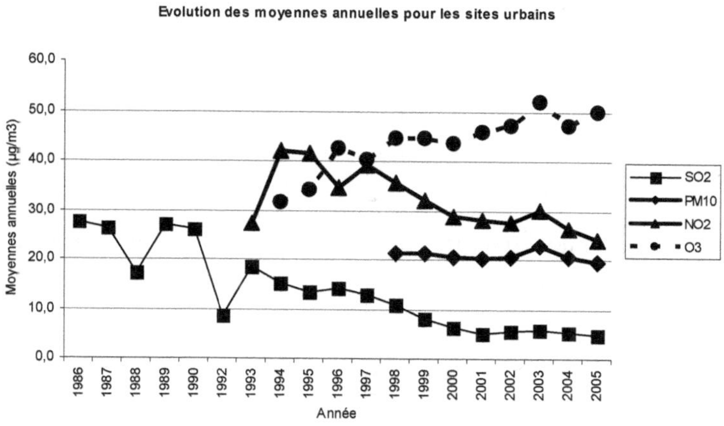

Evolution des niveaux des principaux polluants dans l'air ambiant : les émissions de divers polluants ont été fortement réduites depuis les années 1980 et ceci s'est traduit par une diminution des concentrations moyennes de composés tels que le dioxyde de soufre et le monoxyde de carbone. Toutefois les objectifs 2010 des directives sur l'air ambiant imposent la poursuite des efforts pour des polluants tels que le NO2 dont la baisse est relativement lente dans l'air ambiant, pour l'ozone, etc.

Selon les inventaires d'émissions nationaux réalisés annuellement par le CITEPA[11] pour le Ministère de l'Écologie et du Développement Durable[12], la plupart des émissions de polluants classiques ont été globalement réduites en France

---

[11] Le CITEPA, créé en 1961, est un Centre Technique Interprofessionnel avec un statut d'Association (loi 1901), site http://www.citepa.org/actualites/index.htm

[12] MEDD, http://www.ecologie.gouv.fr/sommaire.php3

entre 1990 et 2001, notamment en matière de composés relatifs à l'acidification et à la pollution photochimique :

- forte réduction (plus de 40%) du dioxyde de soufre, du monoxyde de carbone, du Plomb ;
- forte réduction (entre 20 et 40%) des émissions d'oxyde d'azote et de composés organiques volatils, ainsi que de métaux tels que le Cadmium et le Zinc ;
- baisse importante (entre 5 et 20%) des émissions de particules et d'Arsenic ;
- stabilité en revanche des émissions d'ammoniac (agriculture).

LA POLLUTION DE L'AIR : UN PROBLEME OBJET DE PREOCCUPATIONS TRES CYCLIQUES

Bien que la pollution atmosphérique se manifeste de la rue à la planète (du « local change » au « global change » en quelque sorte) la perception de ces problèmes par les décideurs, les médias, ou la population générale est en fait très variable et elle évolue au fil du temps.

Les milieux scientifiques ont assez tôt attiré l'attention sur les risques à grande échelle (dès le XIXème siècle Fourier et Arrhenius mentionnent un risque planétaire de réchauffement lié au gaz carbonique émis par l'homme, tandis qu'Angus Smith fait état de pluies acidifiées par les émissions soufrées des centrales à charbon d'Angleterre) mais la pollution de l'air demeure longtemps perçue comme une problématique locale concernant uniquement les zones industrielles et fortement urbanisées.

Tout au long du XIXème siècle et pendant une grande partie du XXème siècle les hautes cheminées et les villes enfumées ont en outre souvent été associées à des images de développement économique et de progrès social. A l'époque, si la pollution de l'air peut alors être ressentie comme source de nuisances et de gênes, elle est jugée ne pas poser de problèmes sanitaires majeurs, hors du voisinage immédiat d'installations incommodes et insalubres. Ce n'est que progressivement que cette perception a véritablement évolué sous l'effet notamment d'évènements de pollution qui marquèrent les esprits tels que ceux rencontrés en Vallée de la Meuse dans les années 1930, ou plus tard encore lors du fameux épisode de smog londonien de l'hiver 1952 impliqué dans 4000 décès additionnels d'après les études épidémiologiques du moment. C'est l'une des raisons pour lesquelles la construction de hautes cheminées pour disperser au loin les effluents des grandes installations fut longtemps jugée comme l'une des meilleures manières de résoudre les problèmes.

Au cours des années 1950/1970 les approches et la perception des problèmes de qualité vont évoluer progressivement par suite de l'apparition (et de la médiatisation) de dommages liés aux précipitations acides en Europe et en Amérique du Nord. Il faudra attendre en France et en Europe les années 1970-1980 pour prendre véritablement conscience de la dimension régionale, transfrontalière, et longue distance de la pollution de l'air, *via* le problème des pluies acides touchant les pays scandinaves notamment. C'est ce contexte qui conduira en 1972 à la conférence des Nations Unies de Stockholm[13] sur le thème de l'Homme et l'Environnement, avec en toile de fond la question des dommages aquatiques et forestiers liés aux pluies acides et aux pollutions à longue distance.

Les années 1980 seront également celles de la mise en évidence de déficits saisonniers importants de la colonne

[13] Le texte de la Déclaration de la Conférence des Nations Unies sur l'environnement (Stockholm 1972) est disponible sur le site http://www.unep.org/

d'ozone polaire, autrement dit le « trou » dans la couche d'ozone, tandis que les années 1990 seront celles de la prise de conscience du risque planétaire de changement climatique provoqué par la hausse des niveaux de gaz à effet de serre.

Dans le même temps les études épidémiologiques se développent très fortement en France (étude ERPURS) ou en Europe. Elles mettent en évidence des effets sanitaires et des risques jusqu'ici insoupçonnés, ou négligés, liés notamment aux faibles doses et aux expositions à long terme à divers polluants spécifiques tels que les particules fines.

Des programmes de recherches dédiés à l'étude des pollutions locales de l'air sont lancés (PRIMEQUAL) et, sans oublier les enjeux globaux, la boucle est bouclée : de préoccupations hygiénistes du XIXème siècle, en passant par le changement global, l'attention tend à revenir encore une fois vers des questions locales et sanitaires autour de la toxicité sans seuil des particules fines par exemple.

Les raisons pour lesquelles les préoccupations sanitaires reviennent sur le devant de la scène en France sont diverses, l'une d'elles étant qu'en dépit de la baisse tendancielle des émissions des polluants classiques la pollution demeure un facteur de risque sanitaire important. De fait il n'y a pas de relations simples entre les émissions de polluants et la qualité de l'air ambiante car les polluants sont soumis dans l'atmosphère à des processus physico-chimiques complexes pouvant également conduire à de nouvelles espèces toxiques (ozone, fines particules secondaires,...). Les données des dispositifs de surveillance montrent que les niveaux ambiants de divers polluants peuvent encore dépasser, malgré les progrès sur les émissions, les seuils fixés par les directives européennes relatives à la qualité de l'air ambiant. En outre, bien que la qualité de l'air des agglomérations soit globalement meilleure qu'il y a 10 ou 20 ans, l'urbanisation et la croissance du trafic automobile provoquent localement ou épisodiquement des situations de forte exposition à certains polluants de l'air (particules, monoxyde de carbone, benzène,...).

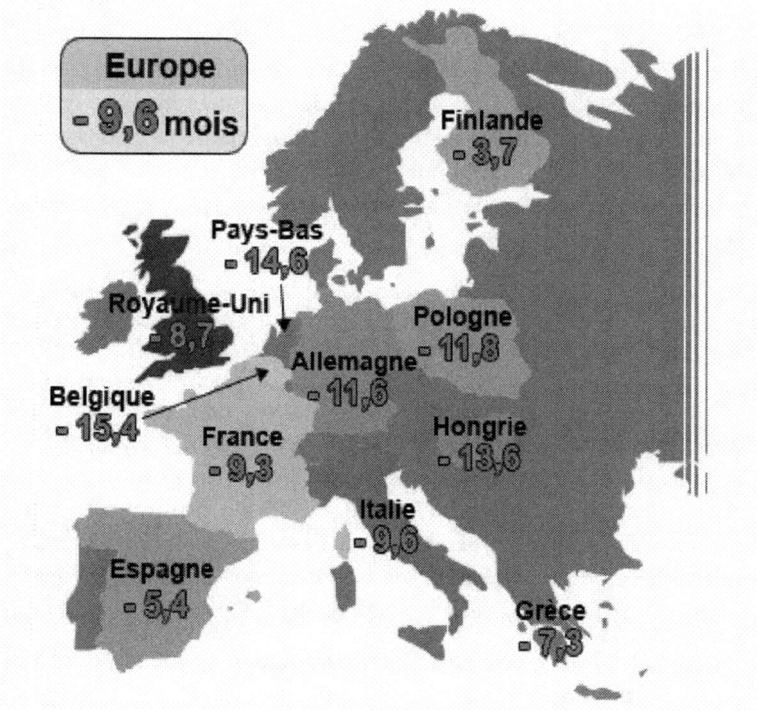

Diminution de l'espérance de vie en Europe imputable à la pollution de l'air évaluée par l'indicateur particules fines PM2.5 - situation 2000. Source : rapport pour le programme Clean Air For Europe (CAFE) soumis à la Commission Européenne par l'IIASA, (International Institute for Applied Systems Analysis - Février 2005).

Selon la plupart des données toxicologiques et épidémiologiques la pollution atmosphérique est notamment impliquée dans la genèse des cancers, des insuffisances respiratoires, des maladies cardio-vasculaires, et de l'asthme (Figure ci-dessus). En Europe, selon des travaux récents menés dans le cadre du programme CAFE, l'espérance de vie de chaque habitant serait en moyenne abrégée de près de 10 mois en raison de la pollution atmosphérique de fond mesurée par l'indicateur « particules ».

Par ailleurs les directives européennes, ainsi en France que la loi sur l'air, ont renforcé les obligations en matière d'information ce qui a conduit à renforcer la médiatisation des phénomènes de pics de pollution et des risques sanitaires dus à la pollution de l'air. Ceci n'est pas sans conséquence sur la sensibilisation des décideurs et de nos sociétés sur les problèmes de qualité de l'air, et génère une forte exigence de sécurité environnementale.

LA POLLUTION DE L'AIR : UN SUJET A L'ORIGINE DE NOUVELLES APPROCHES DE PROTECTION DE L'ENVIRONNEMENT.

Ce sont les phénomènes de pollution de l'air à diverses échelles, et leurs effets, qui sont en grande partie à l'origine de la prise de conscience du besoin de veiller à une gestion à long terme de l'environnement global. La liste des motivations premières des grandes réunions ou des accords internationaux relatifs à l'environnement et à la pollution de l'air est à cet égard intéressante et traduit bien les évolutions :

- 1972 Sommet de Stockholm (en toile de fond domine le problème des pluies acides) ;
- 1979 Convention de Genève (pluies acides) ;
- 1985 Convention de Vienne (couche d'ozone) ;
- 1987 Protocole de Montréal (couche d'ozone) ;
- 1992 Sommet de Rio (climat) ;
- 1997 Protocole de Kyoto (climat).

Par ailleurs, en France, en 1996, la loi sur l'air et l'utilisation rationnelle de l'énergie met l'accent sur les risques sanitaires, à l'échelle urbaine notamment, *via* une obligation de surveillance de l'air et de ses effets, notamment sur toutes les agglomérations supérieures à 100000 habitants. On voit également émerger de plus en plus actuellement les problèmes liés à la qualité de l'air à l'intérieur des locaux où « l'homme moderne » peut passer plus de 80% de notre temps (habitat, mais aussi moyens de transports, bureaux, etc.)

Il est à noter que le 1er traité multilatéral sur l'environnement sera celui été adopté à la suite du sommet de Stockholm de 1972, et qu'il concerne la pollution de l'air : il s'agit de la convention de Genève de 1979 sur la pollution atmosphérique transfrontalière et à longue distance. Cette convention et les organes de gestion qui en sont issus ont pendant longtemps constitué l'un des rares lieux de rencontre entre pays du bloc de l'Est et pays du bloc de l'Ouest, autour d'un sujet à priori « neutre » : l'environnement.

Les dispositions réglementaires mis en place depuis les années 1980 s'attachent à développer la concertation (du moins sur le principe) ou à tout le moins un minimum d'information des citoyens sur les problèmes de qualité de l'air et la manière de les gérer. Ceci s'appuie souvent sur la mise en place, *via* des dispositions réglementaires, de structures « multipartites ». On peut citer comme exemples :

- les secrétariats pour la prévention des pollutions industrielles (structures de concertation, situées généralement sur des zones très industrialisées) ;
- les dispositifs de surveillance de la qualité de l'air issus notamment de la Loi sur l'air et l'utilisation rationnelle de l'énergie ;
- les commissions locales d'information mises en place autour notamment d'installation de traitement de déchets ;
- les procédures d'enquête publiques, dans le cadre de la législation des installations classées pour la protection de l'environnement ;
- etc.

Ces dispositifs cherchent à associer divers acteurs (élus, administrations, industriels, experts, associations, riverains, etc.) pour débattre ou définir des actions à mener.

Dans ce domaine les approches ont toutefois également beaucoup évolué ; tout au long du XIXème et d'une grande partie du XXème siècle la qualité de l'air, comme d'autres sujets environnementaux d'ailleurs, est avant tout jugée comme une question à ne débattre qu'entre spécialistes et devant rester confinée à un milieu de professionnels hautement qualifiés. Puis les dispositifs réglementaires vont s'attacher à mettre en œuvre une gestion se voulant plus démocratique et mieux partagée, *via* des concertations ou des structures associatives. Ne soyons pas naïfs toutefois : ces approches comportent leurs limites et peuvent être utilisées pour légitimer les porteurs de projets, tandis que les vrais débats ainsi que les lieux de décision demeurent en définitive souvent inaccessibles lorsqu'ils sont confisqués par quelques experts ou décideurs.

LE CAS DU DISPOSITIF DE SURVEILLANCE

La nécessité de renforcer la surveillance et la prévention de la pollution de l'air a conduit à la Loi sur l'air et l'utilisation rationnelle de l'Energie (LAURE) du 30 décembre 1996. Cette Loi a notamment institué le droit de respirer un air qui ne nuise pas à la santé, ainsi que le droit à l'information sur la qualité de l'air et ses effets. Elle fixe aussi des objectifs et de nouvelles obligations en matière de surveillance, et impose la mise en œuvre de divers outils de planification en vue de mieux lutter contre la pollution atmosphérique (plans régionaux pour la qualité de l'air, plans de protection de l'atmosphère, plans de déplacements urbains, mesures d'urgence). Le renforcement des moyens de surveillance et d'information sur la qualité de l'air est l'un des points majeurs et innovants de la LAURE au regard des dispositions antérieures en France.

En France, au titre de la Loi sur l'air et l'utilisation rationnelle de l'énergie, la mise en œuvre de la surveillance de l'air ambiant est confiée par la puissance publique à des associations agréées pour la surveillance de la qualité de l'air (AASQA). L'agrément de ces associations (37 en 2005) est assuré par le ministère en charge de l'environnement, et il s'agit d'associations multipartites de type loi de 1901, dont les conseils d'administration comportent des représentants de divers collèges (État, collectivités locales, industriels, associations de protection de l'environnement, personnalités qualifiées,...). Certaines AASQA sont agréées pour exercer leur mission à l'échelle d'une zone industrielle ou d'une agglomération, alors que d'autres peuvent exercer leur activité à plus large échelle. Ces différences s'expliquent par des raisons historiques et traduisent l'évolution des enjeux ; dans le passé, la surveillance de l'air était surtout concentrée autour de zones industrielles et de quelques agglomérations puis peu à peu cette surveillance s'est déployée vers d'autres zones et l'agrément des associations de surveillance nouvellement mises en place, voire des associations existantes, a porté sur des territoires souvent plus étendus, pouvant aller jusqu'au département ou la région.

Les AASQA mettent en oeuvre une surveillance continue de la qualité de l'air sur toutes les agglomérations de plus de 100 000 habitants et un grand nombre d'agglomérations plus petites. Le dispositif comporte également des sites dédiés au suivi de la pollution de fond en zones rurales (stations MERA) et des moyens techniques (camions laboratoires, logiciels et modèles d'évaluation) permettant d'évaluer la qualité de l'air sur les zones non couvertes par des dispositifs permanents. Depuis 1996, le dispositif de surveillance de l'air a connu une très forte croissance et permet de satisfaire aux obligations de surveillance fixées par la LAURE, et plus largement encore à celles des directives européennes. La France dispose notamment du parc analytique le plus important d'Europe. Les investissements de mise à niveau du dispositif sont achevés et les besoins portent sur le maintien de la qualité du dispositif et de ses moyens, ainsi que son adaptation aux évolutions réglementaires ou technologiques. Par ailleurs, on perçoit une montée des préoccupations d'origine souvent locale vers des domaines peu couverts auparavant (air intérieur, pollutions spécifiques liées par exemple aux activités agricoles ou aéroportuaires, etc.).

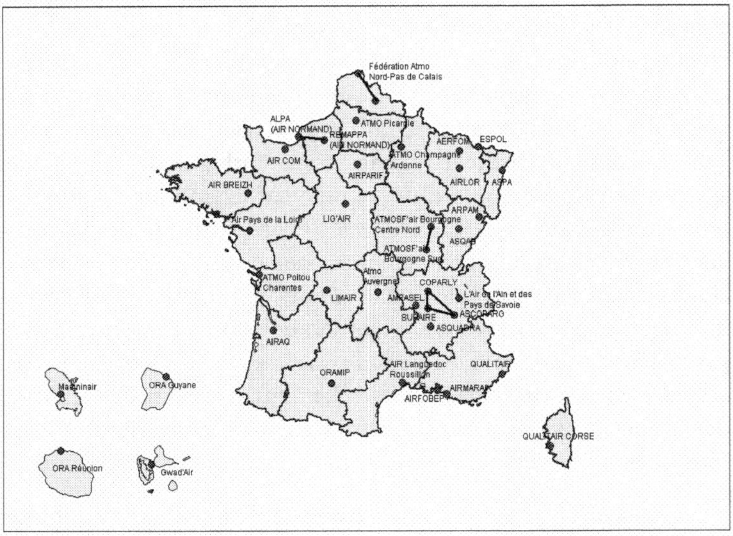

Carte des AASQA du territoire

Comme le prévoit la LAURE, les ressources proviennent essentiellement de l'État, des collectivités locales, et des industriels mais force est de constater que le dispositif connaît des difficultés à assurer un équilibre des ressources du fait que les attentes et besoins des divers partenaires de la surveillance ne sont pas rigoureusement semblables ; l'État est surtout motivé par le financement d'un dispositif qui permet de veiller globalement au respect des obligations des directives européennes, tandis que les collectivités locales et les industriels peuvent être plus sensibles à des problématiques plus spécifiques.

Le caractère associatif et multipartite des AASQA constitue l'un des éléments en mesure de garantir leur indépendance vis à vis des institutions, des lobbies, ou des « pollueurs ». De fait les AASQA sont largement reconnues pour la qualité technique de leurs activités et l'objectivité des données qu'elles diffusent. Elles sont souvent sollicitées par les acteurs locaux (industriels, collectivités locales,...) pour réaliser des études et des travaux sur la pollution atmosphérique, ou à titre d'experts, y compris sur des sujets touchant les nuisances olfactives ou la radio activité.

Chiffres cles de la surveillance

- 399 agents en équivalent temps plein, la majeure partie étant située dans 5 Régions (Rhône Alpes, Ile de France, Nord Pas de Calais, Alsace, PACA) ;
- 70 remorques et cabines mobiles dans les AASQA ;
- 720 stations fixes permanentes et 1 camion laboratoire par Région ;
- 1925 analyseurs automatiques alimentant la BDQA de l'ADEME ;
- 140 villes ou agglomérations surveillées en permanence, dont 58 de plus de 100 000 habitants, et 24 de plus de 250 000 habitants (calcul d'un indice quotidien de qualité de l'air).

SO2	NO	CO	O3	PM10	PM2.5	Benzène
398	513	105	436	358	55	33

(Source : ADEME 2005)

PRINCIPE DE PRECAUTION ET DEVELOPPEMENT DURABLE

Christian GOLLIER

LERNA

INRA / CEA / Univ. Sciences Sociales Toulouse 1

Resume

Le concept de développement durable confronte le chercheur à deux réalités complexes : le très long terme et l'incertitude. La prévention optimale d'un risque environnemental oblige le décideur à réaliser toute action de réduction du risque dont le bénéfice espéré est supérieur à son coût. Peut-on écrire une règle opérationnelle équivalente pour le niveau de précaution optimale face à une incertitude ? L'incertitude se différencie du risque par l'incapacité de déterminer avec précision la probabilité des événements potentiels. Le problème se pose alors de savoir comment calculer le bénéfice espéré des actions de précaution. Cet article apporte plusieurs éclairages sur la manière de calculer ces bénéfices selon que l'incertitude soit de type consensuelle (Que croire ?) ou de type conflictuelle (Qui croire ?). Dans un second temps, nous discuterons de la manière d'intégrer les notions de temps et d'actualisation dans le processus de décision.

Introduction

Comment intégrer les préoccupations de développement à long terme de notre Société dans nos choix de vie actuels ? Cette question est rendue complexe par le fait que ce développement est entaché d'incertitudes considérables. Le principe de précaution, qui tend à normaliser notre attitude face à ces incertitudes, se trouve à la jonction de plusieurs constats. D'une part, la science n'est pas parfaite dans le sens où elle ne nous offre pas une connaissance sûre et définitive des risques auxquels l'humanité et les individus qui la composent font face. Se pose alors la question de savoir « Que croire ? ». D'autre part, la science est devenue extraordinairement complexe. Cette complexité empêche l'émergence d'un consensus sur les intensités relatives de ces risques. Se pose alors la question de savoir « Qui croire ? ». Si nous pouvions répondre à ces deux questions, l'incertitude ne serait plus que risque, et le principe de prévention s'appliquerait. Dans la première partie de ce texte, nous discutons de la manière d'appréhender ces problèmes de choix collectifs face au risque.

Dans une seconde partie, nous discuterons brièvement d'une autre dimension centrale du concept de développement durable, celui qui porte sur ce que notre génération devrait sacrifier pour le bien-être des générations futures. C'est l'enjeu du choix du taux d'actualisation des investissements publics.

PRINCIPE DE PREVENTION : UNE METHODE OPERATIONNELLE DE DECISION FACE AU RISQUE[14]

Périodiquement, nos services d'urgence se retrouvent débordés dans des situations de crise, comme celle liée à la canicule de l'été dernier. Les services sanitaires, de pompier, de déneigement, de police et de défense sont tous susceptibles de se retrouver face à l'impossibilité de faire face à la demande. On a alors beau jeu de dénoncer l'incurie de l'État et de réclamer des moyens supplémentaires pour ces services. Mais à bien y réfléchir, le simple fait d'atteindre une limite de capacité

[14] Cette section ainsi que la suivante est extraite de Gollier C. (2004) Face au principe de précaution, que croire ? Qui croire ? Risques (57), janvier -mars 2004.

en situation exceptionnelle ne signifie pas nécessairement que le système est inefficace.

Augmenter la capacité d'un service d'urgence est coûteux, et ces moyens supplémentaires ne seront effectivement utiles qu'exceptionnellement. Il est donc intéressant de déterminer le budget optimal d'un service d'urgence. Soit X le nombre de personnes victimes d'un accident à une certaine date à venir. X est inconnu, mais on en connaît par expérience la fonction de distribution.

Il faut déterminer *a priori* les moyens à mobiliser pour intervenir à cette date, en constatant qu'il est impossible de modifier les moyens disponibles en fonction du nombre d'accidents observés à la date considérée. La variable de décision est la capacité A du centre d'urgence, où A est le nombre maximum d'accidentés que le centre pourra traiter simultanément. Une unité d'intervention coûte c euros à la communauté. Chaque victime bénéficiant d'un traitement en urgence génère un bénéfice b à la communauté.

Si la capacité actuelle du centre est A-1, l'analyse coût - bénéfice d'une augmentation unitaire de la capacité d'intervention se fait de la manière suivante. Le coût de cette augmentation est c. Son bénéfice est aléatoire, car il dépend du nombre d'accidents. Plus spécifiquement, s'il y a moins de A accidents, les services d'urgence sont sous-utilisés, et l'augmentation de capacité n'apporte rien à la communauté. Par contre, s'il y a au moins A accidents, les urgences sont effectivement utilisées à pleine capacité, et un bénéfice b est obtenu de l'augmentation unitaire de la capacité grâce au fait que cela permet à une victime supplémentaire d'être secourue. Le bénéfice espéré de cette augmentation de capacité est donc égal au produit de b par la probabilité que X soit au moins égal à A. En conclusion, il est socialement efficace d'augmenter la capacité du service tant que ce produit est supérieur au coût unitaire c, c'est-à-dire tant que la probabilité que la capacité du service s'avère insuffisante est supérieure au seuil critique constitué du rapport de c par b.

Ceci montre qu'il n'est jamais optimal d'atteindre le risque zéro. Il est socialement efficace que la fréquence observée de rupture de capacité du service d'urgence soit égale au rapport c/b, qui n'est égal à zéro que si on accorde une valeur infinie à la vie humaine. Ceci provient des rendements décroissants de la prévention : au fur et à mesure qu'on augmente la taille du service, la probabilité qu'une augmentation supplémentaire soit effectivement utile devient de plus en plus faible.

Ce problème est générique à une classe de problèmes appelés " problème du marchand de journaux ", dont on trouve de nombreuses applications en gestion de stocks. Sa résolution ci-dessus nous explique pourquoi les industriels utilisent des flux tendus et les compagnies aériennes du surbooking.[15] Elle nous explique aussi pourquoi l'épargnant accepte de bloquer une partie de son épargne sur le long terme pour profiter d'un avantage fiscal, au risque d'affronter périodiquement un risque « d'illiquidité ». Alors pourquoi exiger de l'État un principe de gestion excessivement prudent que nous refusons d'utiliser nous-même pour faire face à nos risques personnels ? L'excès de précaution dans le système d'urgence oblige la collectivité à détourner des ressources d'autres projets de prévention plus efficaces en terme de vies gagnées, comme le dépistage de certains cancers, ou la médecine scolaire.

Le principe de prévention socialement efficace que j'ai invoqué ci-dessus oblige les collectivités à choisir une capacité d'urgence telle que la probabilité que celle-ci soit effectivement débordée égale le rapport du coût sur le bénéfice d'une unité

---

[15] Une digression : cela explique aussi pourquoi aucun taxi n'est disponible en heure de pointe. A cet égard, il est manifeste que la « capacité » des taxis parisiens est insuffisante, compte tenu de la haute fréquence des périodes où le système est incapable de répondre à la demande.

de capacité supplémentaire. Cette analyse coût - bénéfice de l'effort de prévention est parfaitement opérationnelle et facile à mettre en œuvre. Néanmoins, elle nécessite donc la connaissance de la distribution de probabilité du risque sous-jacent. Quelle procédure opérationnelle suivre lorsque cette distribution est inconnue ? A défaut de répondre de façon précise à cette question, le principe de précaution a au moins le mérite d'ouvrir un débat sur cette question.

PRINCIPE DE PRECAUTION : QUE CROIRE ?

C'est Frank Knight (1885-1972) qui introduit le premier une différenciation entre risque et incertitude. Knight part de l'observation que, contrairement au postulat des savants des Lumières, nos connaissances sont souvent largement insuffisantes pour déterminer les probabilités des différents événements possibles. On parle alors d'incertitude lorsqu'une telle quantification objective des probabilités est impossible. L'exemple classique correspond au jeu consistant à offrir un prix au joueur qui tire une boule blanche d'une urne, sans dire *a priori* la proportion de boules blanches et noires contenues dans cette urne. Finalement, on parle même d'incertitude radicale lorsque l'on est incapable d'établir la liste des événements possibles liés à un aléa. Pour illustrer, on parle de risque pour un investisseur qui achète des actions ou pour un assureur qui offre une couverture contre les accidents automobiles. Le problème de l'effet de serre, des organismes génétiquement modifiés ou de l'exploration spatiale représentent des situations d'incertitude, voire d'incertitude radicale.

Les inquiétudes grandissantes sur les conséquences de la hausse de la concentration des gaz à effet de serre dans l'atmosphère peuvent nous faire penser que la fréquence des étés chauds augmentera à l'avenir. Cette anticipation justifie en effet un développement de la capacité des services de gestion sanitaire des canicules, comme le nombre de lits disponibles en été, l'installation de climatiseurs dans les maisons de retraite ainsi que l'augmentation du nombre de médecins de garde. Un problème très pratique se pose de savoir l'importance de l'augmentation de ces moyens dès lors qu'il n'existe pas de théorie fiable relative à la hausse de la fréquence des accidents climatiques de ce type.

Pour rester simple, supposons qu'il existe deux théories climatiques concurrentes qui sont considérées par la communauté scientifique comme équiprobables. Dans la théorie catastrophique, la fréquence vraie des étés caniculaires passe à un été sur deux, alors que selon l'autre théorie possible cette fréquence n'est que d'un été sur dix. Entre les probabilités de ½ et 1/10, laquelle choisir ? Le principe de précaution, interprété comme une théorie du catastrophisme volontariste, recommande de considérer la probabilité de ½ comme certaine, et de procéder à l'analyse coût - bénéfice ci-dessus avec cette distribution de probabilité. Par contre, dans la théorie de Savage, père de la théorie classique de l'espérance d'utilité subjective, l'incertitude scientifique portant sur la vraie théorie ne doit pas être traitée de façon différente que les autres sources de risque, même si la vraisemblance de chacune des théories en concurrence est subjective. Ainsi, selon Savage, étant donné l'équiprobabilité des théories en lice, l'investissement socialement efficace dans les services d'urgence utilise l'analyse coût - bénéfice en supposant une fréquence sûre égale à la moyenne des fréquences possibles, c'est-à-dire ½ 1/2 + ½ 1/10 = 3/10. Ceci conduit bien entendu à des actions de prévention radicalement différentes de celles recommandées par la méthode catastrophiste.

De la méthode classique à la méthode catastrophiste, laquelle a le plus de chances d'aboutir à une décision compatible avec la promotion du bien-être collectif ? Cette question est avant tout d'ordre empirique, car que savons-nous de l'impact de l'absence de fiabilité des probabilités sur le bien-être individuel et les comportements ? Pour répondre à cette question, les économistes expérimentalistes et les psychologues utilisent le problème dit « des deux couleurs » de Keynes-

Ellsberg : il y a deux urnes contenant cent balles rouges et noires. On sait que l'urne 1 contient exactement 50 balles de chaque couleur. Par contre, la proportion de chaque couleur dans l'urne 2 est totalement inconnue. Dans le jeu 1, une balle est tirée de l'urne 1 et le joueur reçoit 100 € ou rien selon la couleur de la balle tirée. Le jeu 2 est identique, sauf que l'on tire la balle de l'urne 2. On observe que lorsque le joueur est confronté à l'urne 2, il est indifférent entre parier sur la couleur rouge ou la couleur noire. C'est donc qu'il accorde une probabilité subjective de 0,5 au tirage de chaque couleur. Dit autrement, le joueur pense que la probabilité de tirer la couleur rouge est la même dans les deux jeux, mais que cette probabilité est nettement plus fiable dans le jeu 1 que dans le jeu 2. Selon Savage, il devrait donc être indifférent entre les deux jeux. Pourtant, lorsque l'on offre aux joueurs la possibilité de choisir entre les deux jeux, la plupart préfèrent le jeu 1. Les individus sont donc adverses au manque de fiabilité sur les probabilités, un concept bien différent de l'aversion au risque. Il suggère que les citoyens sur-pondèrent dans leur évaluation des situations incertaines les représentations de l'aléa qui leur sont les moins favorables, en accord avec une interprétation catastrophiste du monde.

C'est comme si Dieu, jouant aux dés le devenir de l'humanité, cherchait à choisir systématiquement les règles du jeu qui nous sont les moins favorables. Sachant que ce joueur joue contre nous en choisissant un gain minimum pour l'humanité, il ne reste plus à l'Homme qu'à choisir la stratégie de prévention qui maximise son bien-être minimum parmi toutes les distributions possibles. Ce critère du « max-min » est celle des catastrophistes éclairés. Son pessimisme extrême est infirmé par l'observation des comportements humains face à l'incertitude. Certes, les individus tendent à accorder une attention plus grande aux scénarios les plus catastrophistes, mais il est manifestement faux de dire qu'ils se comportent comme si le plus catastrophique d'entre eux était certain. Ainsi, l'impact des crises successives de la vache folle en Europe a été extrêmement réduit sur le niveau de consommation et les prix. De même, le téléphone portable est aujourd'hui universellement utilisé malgré l'existence de théories catastrophistes concernant son impact sur la santé. Des recherches supplémentaires sont nécessaires sont donc nécessaires pour déterminer l'intensité de l'aversion à l'ambiguïté des agents économiques.

Il y a une autre raison de sur-pondérer les scénarios catastrophistes. La révision de nos croyances dans le temps suite à l'observation de l'évolution de la fréquence des événements est un phénomène qu'il faut intégrer dans notre processus de décision aujourd'hui. Lorsqu'une canicule de grande ampleur se produit, la Société doit supporter simultanément deux types de dépenses. En effet, elle doit d'abord faire face aux dépenses et aux dommages liés à cette canicule. De plus, parce que cet événement la renforce d'un l'idée qu'un réchauffement est en cours et que la fréquence des canicules est plus élevée qu'autrefois, elle doit rationnellement augmenter son effort d'investissement dans la capacité des services d'intervention. L'existence de ce phénomène rationnel de révision des croyances en situation d'incertitude a donc tendance à accroître le risque ex ante, puisqu'il augmente les dépenses en cas de canicule, et les réduit en cas d'été normal. Cet effet d'apprentissage (« *learning* ») nous incite à investir plus dès aujourd'hui dans les services de prévention, à titre de précaution.

PRINCIPE DE PRECAUTION : QUI CROIRE ?

Dans la section précédente, j'ai fait l'hypothèse qu'il existe une science consensuelle mais imparfaite. Les experts sont d'accord pour dire que nos connaissances ne nous permettent pas de définir une distribution de probabilité unique des événements possibles. Il s'agit donc d'une incertitude consensuelle : on sait qu'on ne sait pas. Dans cette section, je désire aborder un autre paradigme, celui de l'incertitude conflictuelle. La complexité de la science empêche l'émergence d'un consensus relatif à l'évaluation des risques. Les experts sont en désaccord entre eux, chacun défendant sa théorie dont il est lui-même sûr. Ils sont d'accord de ne pas être d'accord. Qui croire dans cet environnement d'incertitude conflictuelle ?

Ces conflits d'expert ne militent pas en leur faveur. Comment expliquer ces conflits ? Après tout, d'après la doctrine d'Harsanyi, si tous les experts disposent des mêmes informations (résultats théoriques fondamentaux et résultats des tests expérimentaux de ces théories), ceux-ci devraient tous arriver aux mêmes conclusions. Si ce n'est le cas, c'est que certains sont incompétents ou, pire encore, sensibles aux incitations offertes par les lobbies de tout poil. Ce double problème de compétence et d'indépendance est au centre de la crise de l'expertise. Par les temps qui courent, il n'est pas inutile de rappeler l'importance de financement adéquat de la recherche publique. Ce financement doit être accompagné de deux actions prioritaires. Parce que les compétences s'évaluent facilement sur base des publications scientifiques des auteurs, l'État se doit de mieux sélectionner les experts pour mieux en assurer la crédibilité. D'autre part, il faut mieux inciter ces experts à produire les informations non biaisées permettant aux décideurs publics de prendre des décisions en connaissance de cause. Un système de rémunération efficace basé sur l'évaluation *a posteriori* de la qualité des informations produites par ces comités d'experts est indispensable de ce point de vue.

Supposons finalement que malgré l'organisation d'un système efficace d'expertise, la population se scinde en deux groupes distincts, les optimistes et les pessimistes. Ils pensent respectivement que la fréquence d'événements climatiques extrêmes est ½ et 1/10, sans que quiconque puisse déterminer qui détient la vérité. A quelles croyances donner la prééminence quand il s'agit de déterminer le niveau optimal de prévention au niveau collectif. Dans un article récent[16], je détermine une règle d'agrégation des croyances socialement efficace. Elle tient compte du fait que le groupe le plus pessimiste cherchera à s'assurer beaucoup contre ces événements catastrophiques. Ceci a pour conséquence de transférer l'aléa vers le groupe plus optimiste, qui sera heureux de porter ce risque étant donné leur optimisme et le prix élevé que les pessimistes sont prêts à payer. Bien entendu, le décideur public doit choisir un effort de prévention qui soit compatible avec les croyances de ceux qui portent le risque in fine. Comme les pessimistes sont assurés, la règle d'agrégation des croyances efficace doit favoriser les optimistes. Le principe de précaution, qui préconise exactement l'inverse, est ici l'ennemi affirmé du bien-être collectif.

L'hypothèse de marchés d'assurance efficace est importante pour conduire à ce résultat. Si, au contraire, ceux-ci sont incapables d'organiser ce mécanisme de partage de risque, il peut être optimal de sur-pondérer les croyances des pessimistes. L'augmentation de l'effort collectif de prévention que cela induit constitue une politique re-distributive de bien-être des optimistes vers les pessimistes.

DEVELOPPEMENT DURABLE ET CHOIX DU TAUX D'ACTUALISATION

Contrairement à ce que nous avons supposé plus haut, nos choix d'aujourd'hui n'ont pas un impact sur notre bien-être d'aujourd'hui, mais plutôt sur notre bien-être futur, voir sur le bien-être des générations futures. Comment prendre en compte cet élément inter temporel lié à la notion de développement durable. Plus généralement, des actions coûteuses sont réalisées aujourd'hui dans l'espoir de bénéfices futurs. En présence de marchés financiers efficients, la décision d'investissement de

[16] Gollier C. (2004) Who should we believe ? Collective risk-taking decisions with heterogeneous beliefs, mimeo, LERNA-INRA, Université de Toulouse 1.

prévention est basée sur le concept de valeur nette actualisée (VNA). L'argument qui sous-tend cette règle de décision est le suivant: à la place de cette action préventive, l'agent économique pourrait investir dans l'actif financier sans risque offert par le marché. En conséquence, pour qu'il soit désirable d'investir dans la prévention, il faut que, in fine, son bien-être soit supérieur en réalisant la prévention plutôt qu'en investissant la somme équivalent sur les marchés financiers. C'est ce calcul que réalise la méthode de la VNA. Ne pas actualiser les bénéfices futurs d'une opération de prévention, pourtant soutenu par certains organismes publics français, conduirait à une réduction de la croissance économique par une mauvaise allocation de nos ressources.

L'analyse est moins aisée lorsque les bénéfices sont attendus dans le très long terme. Le dioxyde de carbone rejeté aujourd'hui ne sera pas recyclé avant un siècle, générant des pertes environnementales à long terme. Certains déchets nucléaires ont des demi-vies dépassant les dizaines de milliers d'années. Il est entendu que les marchés financiers ne peuvent nous aider dans ce cas, car ils n'offrent aucun actif financier dans la durée de vie soit aussi longue. Au mieux, la durée de vie des Bons du Trésor américains est de trente ans. Il faut donc recourir à un modèle pour déterminer la façon d'actualiser qui soit socialement efficace.

La sélection du taux d'actualisation a été la source de longs débats entre économistes depuis un siècle. Ce thème est à la fois important et controversé. Il est important parce que la nature exponentielle de l'actualisation « écrase » le long terme de façon implacable: Ainsi, un bénéfice de 100 dans cent ans actualisé à 8% ne représente que 5 centimes! Le sujet est controversé pour la même raison, car même un taux d'actualisation très faible conduit les générations actuelles à se désintéresser totalement des effets négatifs qu'elles exercent sur les générations futures. La question est donc souvent posée de savoir s'il n'était pas nécessaire d'utiliser un taux d'actualisation nul pour actualiser sur le long terme, c'est-à-dire, considérer

100 francs dans cent ans comme 100 francs d'aujourd'hui? En l'absence de marchés financiers, la première raison proposée pour utiliser un taux d'actualisation positif est purement psychologique. On a en effet pu observer que les agents économiques sont impatients. Ils préfèrent obtenir un franc aujourd'hui que un franc demain, même en l'absence d'inflation. Mais je ne pense pas que cet argument d'impatience puisse justifier l'actualisation lorsque les coûts et les bénéfices concernent des générations différentes.

Un autre argument est basé sur un « effet richesse ». On s'attend à ce que les générations futures bénéficient d'un meilleur bien-être grâce aux effets de la croissance économique. Après tout, le monde occidental a pu profiter d'une croissance ininterrompue durant les deux siècles écoulés, avec un produit national brut par habitant doublant grosso modo à chaque nouvelle génération. Etant donnée la décroissance de l'utilité marginale, déjà évoquée antérieurement, un investissement qui procure une unité du bien consommable dans le futur contre un coût immédiat d'une unité de ce même bien est clairement inacceptable. La croissance de l'utilité de la génération future serait plus que compensée par la perte d'utilité de la génération présente, rendant l'investissement inefficace, si pas injuste. Les générations futures étant plus riches que les générations présentes, pourquoi chercher à faire des sacrifices aujourd'hui pour leur profit? On réduit les sacrifices en augmentant le taux d'actualisation. En résumé, il doit exister une relation entre le taux d'actualisation optimal et la croissance de l'économie. Dans le cas de la fonction d'utilité logarithmique proposée par Bernoulli, le taux d'actualisation optimal est en fait égal au taux de croissance par tête de l'économie. Si l'on ajoute l'argument d'impatience, avec un taux de préférence pure pour le présent, on obtient un taux d'actualisation situé entre 4 et 6 %.

On voit bien qu'un problème fondamental s'attache à cet « effet richesse ». En effet, le taux de croissance de l'économie dans les cent prochaines années n'est pas connu. Prévoir la croissance pour le prochain trimestre est déjà une tâche à laquelle plus d'un économiste chevronné s'est brûlé les ailes. Il n'est donc pas douteux que l'estimation de la croissance pour le prochain millénaire est sujette à des erreurs énormes! L'histoire du monde avant la révolution industrielle est pleine de périodes de dépressions profondes, comme celle consécutive à la chute de l'empire romain ou, dans une moindre mesure, à l'épidémie de peste du quatorzième siècle. Le débat récent sur la notion de croissance soutenable est une illustration du degré d'incertitude à laquelle nous faisons face lorsque nous cherchons à imaginer l'avenir de notre société. Certains pensent que les énormes progrès dans les sciences de l'information nous ouvrent une nouvelle ère de croissance digne des trente glorieuses. D'autres, au contraire, défendent l'idée selon laquelle nous sommes arrivés au bout des effets positifs de la révolution industrielle, et que l'épuisement de certaines ressources rares, la surpopulation, les rendements décroissants ainsi que la pollution de notre environnement nous conduiront à une longue période d'adaptation à croissance nulle, voire négative. Si cela était vrai, l'effet richesse irait dans l'autre sens, et devrait effectivement nous inciter à choisir un taux d'actualisation nul ou négatif pour sélectionner nos investissements.

Quoi qu'il en soit, cette incertitude repose la question du choix du taux d'actualisation. Dans deux papiers récents,[17][18] j'ai proposé une analyse détaillée de ce choix lorsque le taux de croissance de l'économie est aléatoire. Je montre que l'incertitude sur la croissance économique devrait nous inciter à réduire le taux d'actualisation si et seulement si la dérivée troisième de la fonction d'utilité des agents économiques est

[17] Gollier C. (2002a) Discounting an uncertain future, Journal of Public Economics, 85, 149-166.

[18] Gollier C. (2002b) Time horizon and the discount rate, Journal of Economic Theory, 107, 463-473.

positive. Kimball (1990)[19] utilise le terme de « prudent » pour désigner les individus satisfaisant cette hypothèse. Elle se différencie nettement du concept d'aversion pour le risque qui, nous l'avons vu, désigne la négativité de la dérivée seconde de la fonction d'utilité. Un faisceau d'arguments dont la présentation dépasserait le cadre de ce texte indique clairement que l'hypothèse de prudence est très probablement réalisée. Donc, la prudence doit nous conduire à réduire le taux d'actualisation en présence d'incertitude sur l'avenir. Cette réduction a pour effet de favoriser les investissements de prévention, puisqu'elle valorise plus les bénéfices futurs.

A titre d'illustration, prenons un projet dont les bénéfices attendus seront réalisés dans cinquante ans. Supposons aussi que les agents économiques disposent d'une fonction d'utilité logarithmique, dont la dérivée troisième est effectivement positive. Considérons un taux de croissance annuel de 1.4%, ce qui correspond à un taux de croissance de 100% sur cinquante ans. Si on estime que ce taux se réalisera avec certitude, il faut effectivement prendre un taux de 100% par actualiser les bénéfices dans cinquante ans. Si, par contre, on tient compte d'une incertitude sur ce taux de croissance, cela va réduire le taux d'actualisation socialement efficace. Pour forcer le trait, considérons un scénario dans lequel le taux de croissance et de 0% ou 200% avec égale probabilité. En moyenne, ce taux est bien effectivement de 100%. Un calcul un peu technique nous montre que le taux d'actualisation efficace n'est alors plus que de 50%, c'est-à-dire que l'incertitude a réduit ce taux de moitié !

Ceci nous offre un argument simple en faveur de la sélection d'un taux d'actualisation plus faible pour le long terme que pour le court terme. Cet argument se compose de deux prémices et d'une conclusion :

- l'avenir plus éloigné est plus incertain ;

---

[19] Kimball M. S. (1990) Precautionary saving in the small and in the large, Econometrica.

- une augmentation de l'incertitude réduit le taux d'actualisation socialement efficace, sous l'hypothèse de prudence ;
- donc, il est socialement efficace de sélectionner un taux d'actualisation plus faible pour un avenir plus éloigné, sous cette même hypothèse.

Hélas, cet argument ne tient pas compte de l'effet richesse qui, lui, va dans un sens opposé sous l'hypothèse d'une croissance espérée positive:

- plus on considère une date éloignée dans le temps, plus élevée est la consommation espérée à cette date ;
- une augmentation de la consommation espérée future augmente le taux d'actualisation socialement efficace ;
- donc, il est socialement efficace de sélectionner un taux d'actualisation plus élevé pour un avenir plus éloigné.

A priori, il est difficile de dire lequel de l'argument précaution et de l'argument richesse domine l'autre. Les générations les plus éloignées seront à la fois les plus riches et celles qui supportent l'incertitude la plus importante sur leur niveau de consommation. Dans nos sacrifices pour un avenir meilleur, faut-il favoriser ces dernières au titre de cette incertitude accrue ? Ou, au contraire, faut-il les défavoriser au titre de leur richesse élevée ? La question de la relation entre taux d'actualisation et horizon temporel se trouve tout entier dans ce dilemme.

Dans Gollier (2002 a, b), je montre que le taux d'actualisation doit être indépendant de l'horizon temporel quand le taux de croissance de l'économie suit une marche aléatoire de tendance et volatilité constante. Dans un document plus récent,[20] je montre que ce taux d'actualisation doit être décroissant avec l'horizon temporel s'il existe une corrélation positive dans les taux de croissance de l'économie par période. Ce résultat est logique, puisque cette corrélation positive accroît l'incertitude de long terme par rapport à l'incertitude de court terme. Par prudence, ceci doit nous inciter à biaiser nos efforts en faveur des générations les plus éloignées. Ceci est fait en réduisant le taux d'actualisation qui les concerne. Ces travaux ont conduit le Commissariat Général au Plan à réduire son taux d'actualisation de 8% à 4%, et même à 2% pour des horizons temporels au-delà de 30 ans.

[20] Gollier C. (2004) The consumption-based determinants of the term structure of discount rates, mimeo, Université de Toulouse.

GESTION DE L'EAU : UNE ILLUSTRATION PAR TROIS EXEMPLES : LA GESTION DES ZONES HUMIDES, LES DISPOSITIFS AGRI-ENVIRONNEMENTAUX, LES NORMES ENVIRONNEMENTALES

Pour une recherche interdisciplinaire en environnement.

Denis SALLES

CERTOP-CNRS UMR 5044

Université Toulouse 2 -Le Mirail

CONTEXTE

On assiste à une montée en puissance depuis 30 ans des préoccupations environnementales. Le traitement conceptuel et pratique de ces questions a sensiblement évolué durant cette période. En dépit d'une certaine prise de conscience publique, les problèmes environnementaux, loin d'être résolus, ont plutôt eu tendance à émerger sous de nouvelles formes (changement climatique, couche d'ozone, biotechnologies, biodiversité, risques « naturels » et industriels, inégalités sociales face à l'environnement).

La problématique environnementale n'est apparue que récemment en sociologie, la sociologie classique a en effet été marquée par une absence de référence à l'environnement qui tenait essentiellement au souci de se libérer de l'emprise des sciences naturelles et d'échapper à toute forme de déterminisme physique ou biologique pour la compréhension des faits sociaux[21]. La sociologie contemporaine a elle-même tardé à reconnaître la dimension sociale de la problématique environnementale et à la constituer en objet de recherche. Lorsque les questions d'environnement émergent dans le débat social et politique dans les années 1970, le rapport à la nature est considéré comme une construction sociale[22]. Dans l'essentiel du débat sociologique, orienté davantage par des positions idéologiques que par des approches empiriques, les problèmes environnementaux ont été traités comme les symptômes d'une crise du capitalisme et comme le révélateur de contradictions plus fondamentales entre l'intérêt économique, les avancées technologiques et le bien être social. Ces perspectives n'ont pas permis de constituer l'environnement en objet sociologique légitime. « *La sociologie n'a donc pas su reconnaître dans cette problématique de l'environnement une question sociale sui generis, et n'a donc pu lui donner un nom en tant qu'objet d'étude sociologique ; elle n'a pas vraiment réussi à cerner la problématique propre à la relation individu - environnement et à la relier à d'autres questions, classiques mais négligées en sociologie, telles que les rapports entre individu et nature, entre société et environnement physique, et finalement entre nature et culture.* »[23]

Partant d'un inventaire des recherches en sciences sociales consacrées à l'environnement, Marc Mormont montre bien la tension entre les approches où le rapport à la nature est considéré comme une construction sociale, une détermination socialement et culturellement élaborée ; et celles ou au contraire l'affirmation d'une réalité objective des problèmes écologiques conduit à considérer l'environnement comme une question

[21] Leroy P. (2001) La sociologie de l'environnement en Europe : évolution, champs d'action et ambivalences, Natures Sciences Sociétés, vol. 9, n°1, 29-39.

[22] Mormont M. (1993) Sciences sociales et environnement. Approches et conceptualisations, Rapport au Ministère de l'Environnement, Belgique, Fondation Universitaire Luxembourgeoise.

[23] Leroy P. (2001) op. cit., p. 32.

originale et spécifique à la situation historique des sociétés modernes et comme nécessitant à ce titre une formulation de théories et de méthodologies nouvelles [24].

Affirmant cette seconde position, la sociologie de l'environnement s'est construite sur l'idée que l'environnement physique et les sociétés s'influencent mutuellement, et qu'il ne s'agit de nier ni la réalité des contraintes écologiques, comme limites au développement des activités humaines, ni le potentiel de réflexivité des sociétés modernes pour composer avec ces contraintes[25]. C'est à partir des années 1990, que l'environnement est interrogé par la sociologie générale pour poser une problématique critique de la modernisation sociale. Les limites perceptibles du progrès technologique et économique et des externalités environnementales qu'il génère, impliquent une nouvelle conception plus qualitative de modernisation réflexive, qui s'appuie moins sur la capacité des institutions à encadrer le développement, que sur celle des individus à donner un sens et une forme à leur existence[26]. Dans le même temps sont soulignées les incertitudes sur les causes, les conséquences et la réalité même des problèmes environnementaux. La question de l'environnement émerge comme un domaine de controverses à la fois scientifiques et sociales, la nécessité de décider et d'agir en situation

---

[24] Mormont M. (1993) op. cit.

[25] Catton W. R. and R. E. Dunlap (1978) Environmental sociology : a new paradigm, The American Sociologist, 13, 41-49.

Catton W. R. and R. E. Dunlap (1979) Environmental Sociology, Annual Review of Sociology, 5, 243-273.

[26] Beck U. (2001) La société du risque, sur la voie d'une autre modernité, Alto Aubier, Paris.

d'incertitude confronte les sociétés à une situation permanente de gestion des risques[27].

La réalité objective des problèmes environnementaux, leur persistance, l'incertitude de leurs effets a ainsi conduit à déplacer les perspectives, d'une analyse de la construction sociale et culturelle des problèmes d'environnement, vers une analyse critique de la modernisation des sociétés et des conditions sociales et politiques de leur résolution. Acceptant le postulat d'une interdépendance irréductible entre l'homme et son environnement, la sociologie de l'environnement ou plus largement les sciences sociales de l'environnement, assument ainsi plus clairement, une posture normative et prescriptive qui les intègre dans le débat social et politique sur l'environnement. Cette tendance tient également à l'affirmation de la légitimité sociale de politiques à vocation explicitement environnementale contre les conceptions anthropocentrées du développement économique. Dès lors que des dispositifs socialement élaborés, qu'ils soient techniques, organisationnels ou culturels, tentent d'agir sur les milieux physiques par la normalisation des activités humaines, la question de l'élaboration des normes et de leur réception peut s'affirmer comme un objet de connaissance légitime pour les sciences sociales.

Dans ce contexte, le recours à l'interdisciplinarité est apparu comme le moyen pour analyser la complexité des interactions entre les activités humaines et les milieux. Après avoir été justifiées tour à tour par un argument normatif (un courant critique qui conteste le modèle scientifique pour promouvoir une idéologie écologiste) ; puis par un argument scientifique (l'ambition de fonder une science de l'environnement comme discipline spécifique et unitaire, avec ses concepts, ses revues, ses associations et ses filières universitaires); les sciences de l'environnement, dans le courant

---

[27] Godard O. (1997) Le principe de précaution dans la conduite des affaires humaines, Ed. MSH et INRA, Paris.

des années 1980, ont tendance à abandonner l'idée d'une interdisciplinarité substantielle et à adopter une logique plus pragmatique et instrumentale, construite « en avançant » au gré d'une construction progressive des coopérations scientifiques. Comme le souligne P. Leroy à partir de l'observation de la situation aux Pays-Bas, la question n'était plus d'échafauder des théories visant à l'intégration des disciplines mais plutôt de réunir des compétences et d'interroger les scientifiques pour l'analyse et la résolution de problèmes[28].

En France, à partir des années 1980, le Programme Intégré de Recherche en Environnement (PIREN) et à sa suite le Programme Environnement, Vie et Société (PEVS) ont représenté la figure de proue de l'interdisciplinarité sciences sociales/sciences de la nature, par la légitimité que leur conférait le label CNRS et par les financements dégagés pour favoriser l'intégration des sciences sociales dans les programmes de recherche sur l'environnement[29]. Avec le projet d'intégration interdisciplinaire des recherches sur l'environnement, il s'agit de faire du rapport nature - société un seul et même objet scientifique, ce qui suppose de déconstruire la dichotomie traditionnelle entre les disciplines des sciences de la nature et des sciences de la société. L'interdisciplinarité conduit à considérer qu'il n'y a pas d'objets « naturels » mais des objets environnementaux, c'est-à-dire socialement investis[30].

---

[28] Leroy P. (2004) Sciences environnementales et interdisciplinarité : une réflexion en partant des débats aux Pays-Bas, Natures Sciences Sociétés, n°3.

[29] Jollivet M. (dir.) (1992) Sciences de la nature, sciences de la société. Les passeurs de frontières, CNRS Editions, Paris.

Voir dans le n°1-2002 de Natures Sciences Sociétés, la tribune libre opinion consacrée aux inquiétudes suscitées, dans le milieu de la recherche en sciences sociales, par l'intégration des recherches sur l'environnement dans l'Institut des Sciences de l'Univers et de l'Environnement (INSUE), p. 64.

[30] Picon B. (2002) « Sociologie et environnement. Vingt-cinq ans d'expériences interdisciplinaires », in Draetta L. et L. Franco « Naturalia, Sciences

La recherche et l'action

La nécessité d'intervenir sur l'organisation des activités humaines pour résoudre ou prévenir les problèmes d'environnement est aujourd'hui largement reconnue. La posture interdisciplinaire de recherche en environnement s'inscrit à la charnière de la recherche et de l'action : « *une fonction toute particulière de la recherche scientifique sur l'environnement est d'améliorer les connaissances fondamentales pour répondre à la demande sociale d'une réduction des incertitudes.* »[31]. Les sciences de l'environnement, affichent l'ambition de produire des connaissances pour ouvrir des pistes à la résolution de problèmes : « *le besoin d'interdisciplinarité est en premier lieu inspiré par la recherche d'une pertinence sociétale et politique, et non par les dynamiques inhérentes aux disciplines universitaires elles-mêmes* » [32]

Avec les transformations du statut de la science et de l'expertise pour analyser et anticiper les risques et les incertitudes des sociétés modernes[33], le projet d'une recherche interdisciplinaire en environnement suggère de dépasser le champ strictement scientifique et de prendre en compte la

---

sociales et environnement : entre cadres théoriques et approches empiriques », Europaea, 1-2 / anno VIII / 2002, Carocci Ed., Cagliari, Italie, 75-90.

[31] Jollivet M. et A. Pavé (1993) L'environnement: un champ de recherche en formation, Natures, Sciences, Sociétés (1), 19-20.

[32] Leroy P. (2004) Sciences environnementales et interdisciplinarité : une réflexion en partant des débats aux Pays-Bas, Natures Sciences Sociétés, n°3-2004, p. 2.

[33] Roqueplo P. (1997) Entre savoir et décision, l'expertise scientifique, Collection Sciences en questions, INRA Editions, Paris.

Beck U. (2001) La société du risque, sur la voie d'une autre modernité, ALTO AUBIER, Paris.

Callon M., P. Lascoumes et Y. Barthe (2001) Agir dans un monde incertain, Le Seuil, Paris.

dimension sociale et politique de la production scientifique[34]. La science est appelée à répondre à une demande sociale exprimée de manière diffuse et contradictoire par des agents économiques, des mouvements sociaux, les médias, le politique, les citoyens. Parler d'interdisciplinarité, ne signifie plus seulement faire collaborer des scientifiques sur des questions sur lesquelles ils auraient toute autorité en tant que prescripteurs et producteurs de savoir, mais de les amener à intervenir, au même titre que d'autres acteurs sociaux ou politiques, dans des débats plus globaux qui engagent des choix de société, une vision du monde. Dans une société du choix et de la valorisation des différences, les acteurs scientifiques ne sont ni les principaux intervenants, ni les seuls juges dans les débats de société.

PENSER UNE NOUVELLE ORGANISATION DE LA RECHERCHE

La nécessité pragmatique d'opérationnalité et de résolution des problèmes amène à produire des questionnements intégrés, entre sciences sociales et sciences de la nature, à partir des problèmes et des enjeux de société, plus que des questions disciplinaires. Davantage qu'une super discipline, le projet de recherche interdisciplinaire en environnement, constitue donc une posture qui reconnaît chacune des composantes dans ses compétences scientifiques et qui exige écoute, autocritique, et réflexivité. Cette posture engage une profonde réorganisation institutionnelle de la recherche scientifique, traditionnellement cloisonnée dans les universités et les organismes de recherche. L'exigence d'interdisciplinarité requiert un processus de coordination pour une production intégrée des connaissances et le management de projets scientifiques devient dès lors déterminant.

---

[34] Pestre D. (2004) L'évolution des champs de savoir, interdisciplinarité et noyaux durs, Natures Sciences Sociétés, 12, 191-196.

Preuve de cette évolution, la dimension interdisciplinaire est désormais une composante quasi systématique des programmes de recherche sur l'environnement. Dans ce mouvement de fond qui traverse, les programmes de recherche internationaux et nationaux, les sciences sociales ont encore souvent tendance à être cantonnées dans un rôle d'explication des « résistances au changement » et d'analyse des conditions d'acceptabilité sociale ou d'aide à la diffusion sociale de nouvelles normes environnementales[35]. Il serait cependant réducteur de limiter la portée de l'introduction des sciences sociales dans les programmes interdisciplinaires sur l'environnement. En même temps qu'ils s'interrogent sur leur propre posture, les sociologues ont progressivement affirmé plus clairement leur place dans la définition des questions et des objets de recherche, dans la définition et la critique de concepts intégrateurs Du point de vue théorique, la mobilisation critique des concepts de développement durable[36], d'anthroposystèmes[37], de gouvernance environnementale[38] constitue des tentatives pour contribuer à une intégration des différentes approches disciplinaires.

---

[35] ASPE C. (2003) Les temps de la sociologie de l'environnement : engagement et modernité, Sociologies Pratiques, n°7, Gérer l'environnement, le temps de l'action concertée, APSE, Paris, 117-137.

[36] Jollivet M. (2001) Le développement durable, de l'utopie au concept, Natures Sciences Sociétés, Elsevier, Paris.

[37] Lévêque C. et S. Van Der Leeuw (2003) Quelles natures voulons-nous ? Collection *Environnement*, Elsevier, Paris.

[38] Theys J. (2002) La gouvernance, entre innovation et impuissance : le cas de l'environnement, dans Waechter S. (dir.), l'Aménagement durable : défis et politiques, Ed. de l'Aube, Bibliothèque des territoires, Paris, Chapitre 6, 125-167.

LA CO-CONSTRUCTION DES OBJETS SCIENTIFIQUES

Au travers de la mise en réseau des scientifiques de différentes disciplines, de gestionnaires prescripteurs de recherches, on retrouve curieusement dans la construction des objets scientifiques les principales caractéristiques de souplesse, de coopération qui ont transformé l'action publique ces dernières décennies. Cette forme de production scientifique « constitutive », est désormais co-élaborée avec des organismes gestionnaires comme l'Agence de l'eau, les administrations, des groupements professionnels, des associations.

Pour ce qui concerne la définition des questions de recherche, un premier écueil des plus classiques, demeure l'assignation aux travaux de sciences sociales et de sociologie en particulier d'une fonction de clarification et de dénouement des conflits et des supposées résistances de groupes d'usagers aux innovations des politiques de l'eau. Le contrôle systématique des prélèvements en eau pour l'irrigation, prôné par la loi sur l'eau de 1992, la nécessité d'une vérification de mise en conformité des installations individuelles et collectives d'assainissement imposée par la Directive Européenne Eaux résiduaires urbaines, la création d'espaces protégés au titre de la politique Zones Humides ou du programme européen Natura 2000, la Directive Cadre Européenne sur l'eau de 2001, sont quelques-uns des exemples du travail de normalisation des pratiques sociales qu'ont imposé les politiques environnementales. Conscients du fait que les difficultés de gestion de l'eau relèvent finalement moins du domaine technique que de problèmes qualifiés hâtivement de sociologiques ou politiques ; les organismes gestionnaires interpellent les sciences sociales : « *Le social résiste, à vous sociologue de nous expliquer pourquoi et comment sortir des situations bloquées* ».

Une ebauche d'interdisciplinarite sciences de la nature-sciences sociales : Le Programme National de Recherche sur les Zones Humides (1997-2000)

De 1997 à 2000, le volet sociologique du programme de recherche Garonne du Programme National de Recherche sur les Zones Humides (PNRZH) constitue un exemple d'une tentative de formalisation d'une démarche interdisciplinaire. . Suite au diagnostic d'une dégradation continue des zones humides en France[39], le PNRZH constituait le volet recherche du Plan National d'Action pour les Zones Humides, lancé en 1995 par le Ministère de l'Environnement pour programmer la restauration des milieux humides. Le programme Garonne, intitulé « Fonctionnalités de zones humides alluviales anthropisées et système d'action et de décision : la Garonne entre Toulouse et la confluence du Tarn » a constitué l'un des 14 programmes pluridisciplinaires nationaux sélectionné dans le cadre du PNRZH.

L'objectif du programme était, d'une part, d'évaluer certaines des caractéristiques fonctionnelles des zones humides riveraines de la Garonne (capacité de régulation des flux d'eau et de nitrates, importance pour les peuplements piscicoles), d'autre part, d'identifier les différents usages, d'analyser la perception par les divers acteurs locaux et les modes de gestion actuels de ces milieux. Au travers d'un groupe de contact, constitué ad hoc, un dialogue continu a été instauré entre les scientifiques , les acteurs gestionnaires et les usagers, en vue de diffuser les connaissances acquises, de préciser les enjeux et tenter de dégager des perspectives d'actions intégrées et collectives.

---

[39] Bernard P. (dir.) (1994) Les zones humides, Rapport d'évaluation, Comité interministériel de l'évaluation des politiques publiques, Premier Ministre, Commissariat Général au Plan, La Documentation Française, Paris.

Les recherches ont été conduites à 2 échelles emboîtées : celle d'un tronçon de la plaine alluviale de la Garonne (de Toulouse à la confluence du Tarn), et celle de 4 sites pour les études approfondies : l'annexe fluviale de St Pierre, des zones humides péri fluviales de Gagnac fortement perturbées (aval immédiat de l'agglomération toulousaine), de Monbéqui essentiellement agricole (mi-secteur), de St Nicolas-de-la-Grave affecté par l'aménagement d'un vaste plan d'eau (confluence de la Garonne et du Tarn)[40].

L'équipe de recherche dirigée par Ph. Vervier, regroupait environ 35 chercheurs autour de diverses disciplines (géomorphologie, hydrologie, biogéochimie, hydrobiologie, sociologie) autour de 4 axes de recherche[41]. Le programme relativement intégré dans ses objectifs n'a cependant donné lieu à un travail interdisciplinaire qu'à l'issue des travaux empiriques réalisés par chaque discipline. Cette démarche et ses apports, brièvement présentés ici, ont fait l'objet de la contribution du programme Garonne au colloque final du PNRZH, qui s'est tenu à Toulouse du 22 au 24 octobre 2001[42].

---

[40] Pour le développement des analyses sociologiques du PNRZH Garonne, se reporter au tome 2, chapitre 1. Elles s'appuient sur une synthèse des monographies de site réalisées par S. Becerra pour le programme PNRZH et qu'elle a mobilisé pour sa thèse de sociologie :

Becerra S. (2003) Protéger la nature. Politiques publiques et régulations locales en Espagne et en France, thèse de sociologie, UTM, Toulouse.

[41] Axe A : caractéristiques hydro-morphologiques du tronçon ; axe B : fonctionnement hydrologique et biogéochimique ; axe C : peuplements piscicoles et invertébrés ; axe D : usages sociaux et représentations sociales des zones humides.

[42] Vervier P. (2001) Echanges et transfert des connaissances entre scientifiques, gestionnaires et usagers : les enseignement du groupe de contact Garonne, Colloque PNRZH, Toulouse, 24 octobre.

A l'occasion du Colloque de restitution du PNRZH, le CERTOP a été chargé de l'organisation des visites commentées par des scientifiques, des

Le lancement en 1995 du PNRZH a été clairement orienté par des besoins de connaissances pluridisciplinaires pour orienter la gestion. Un des objectifs fixés au PNRZH a été de caractériser et de délimiter les zones humides afin d'une part, d'objectiver leur existence écologique, et d'autre part, de donner une légitimité scientifique à des mesures de protection potentiellement conflictuelles du fait d'une normalisation ou d'une remise en cause des usages. Ce besoin de connaissance visait à surmonter la difficulté, à laquelle se trouvent confrontés les gestionnaires, pour trouver le bon compromis entre des références générales fournies par l'expertise scientifique et la spécificité des configurations locales qu'ils ont à traiter[43]

La caractérisation des zones naturelles est devenue en quelques années un véritable terrain de controverses locales, notamment au travers de la constitution de l'inventaire Natura 2000 prescrit par la Directive européenne Habitats[44]. Dans le débat sur les modalités de caractérisation des zones humides, s'est posée la question de la nécessité d'une délimitation et d'un inventaire cartographique systématique des zones humides. Pour les uns, une telle démarche offrait l'opportunité de disposer d'éléments d'objectivation des zones humides et de ce fait de capacités de ciblage des priorités de préservation ; pour d'autres, il semblait préférable de privilégier une définition négociée des zones humides en fonction des configurations locales.

L'expérience américaine de caractérisation des ZH a montré les limites d'une « *qualification juridique [bâtie] sur des*

---

gestionnaires et les associations de protection de la nature, de deux zones humides de la Garonne.

[43] Mermet L. (1997) Les systèmes de caractérisation des zones humides : construire l'expertise sous pression politique, Natures Sciences Sociétés, 1997, n°2, 31-40.

[44] Becerra S. (2003) op. cit.

systèmes de caractérisation scientifique »[45]. Dans les années 1980, on assistait aux USA à une montée en puissance de l'encadrement juridique appuyé sur plusieurs systèmes de caractérisation. Le plus élaboré, *National Wetlands Inventory Program* (NWIP, 1990), s'appuyait sur une cartographie fine de toutes les zones humides. Cette conception « scientifico-juridique » visait à définir des mesures de protection pour chaque catégorie de zone humide déterminée par la science selon des critères géographiques et hydrologiques, géo-pédologiques et végétationnels. L'objectif des promoteurs de cette méthode était de « *traiter de multiples cas sur la base d'une règle générale, que l'on applique à partir de critères scientifiques* »[46].

Un tel dispositif de classification fondé sur un système d'information exhaustif et de portée universelle, visait à éviter de créer de l'exception et donc potentiellement de la négociation conflictuelle, en recourant à une référence commune et à un traitement global et standardisé. Plusieurs limites de la classification « scientifico-juridique » ont été mises en évidence: l'importance des moyens à mobiliser pour prétendre à un inventaire exhaustif et l'ambiguïté des critères de caractérisation et de délimitation, qui altèrent la légitimité de l'inventaire. Notamment, les groupes d'intérêts, plutôt que de contester frontalement les mesures juridiques de normalisation des usages, optent plutôt pour une critique systématique des critères de caractérisation, ce qui nécessite une surenchère de précisions méthodologiques qui alimentent à leur tour la controverse. L'échec de ce mode de caractérisation adopté aux USA tend à montrer que la désignation d'une zone humide relève bien plus d'une définition sociopolitique et économique que purement technoscientifique.

---

[45] Mermet L. (1997) Les systèmes de caractérisation des zones humides : construire l'expertise sous pression politique, Natures Sciences Sociétés, n°2, 31-40.

[46] Mermet L. (1997) op. cit., p. 33.

En France, la question des critères permettant de définir, d'inventorier, de délimiter les zones humides a suscité de nombreux débats car elle apparaît comme un préalable indispensable à la définition de politiques de protection adaptées. Diverses démarches ont été adoptées, notamment dans le cadre du PNRZH, mobilisant plusieurs catégories de critères[47]. Une première démarche de délimitation s'est appuyée sur deux séries de critères : des critères scientifiques/physiques permettant de déterminer « *un habitat zone humide* » et des critères techniques/d'usages qui déterminent plutôt un « *ensemble fonctionnel zone humide* ». Une deuxième catégorisation consistait à distinguer des zones identifiées « *à but de connaissance* » c'est à dire des espaces consacrés à la recherche scientifique et des zones « *à vocation opérationnelle* » sur lesquelles s'appliquent des politiques publiques (réglementaires ou contractuelles) de gestion, de préservation, de restauration. Une troisième catégorisation propose de distinguer trois types de zones humides : « *potentielle, effective ou efficace* ».[48]

La démarche adoptée dans le cadre du PNRZH Garonne s'est attachée à analyser l'organisation des usages en fonction des potentialités écologiques propres au territoire, ce qui conduisait à considérer les zones humides comme des configurations locales d'interdépendances entre des usages socio-économiques et des fonctionnalités naturelles. Leur classification dans une catégorie désignée comme « zone humide » n'était pas donnée à priori.

---

[47] ZH Infos, Tout inventaire a ses limites, n°18, 1997. ZH Infos, Zonage, mission impossible ? n°29, 2000.

[48] ZH Infos, Zonage, mission impossible ? n°29, 2000 p. 9. « La zone humide potentielle (...) correspond à l'enveloppe des milieux qui seraient humides en l'absence de modifications anthropiques. La zone effective est celle qui existe réellement sur le terrain (critères pédologiques, hydrologiques, botaniques). La zone efficace se définit par rapport à une fonction (épuration, stockage de l'eau, biodiversité, etc.) et vis à vis d'un objectif négocié entre différents acteurs territoriaux (qualité de l'eau, risque d'inondation, ressources biologiques, etc.). » P. Merot, projet PNRZH TY-FON.

Dans cette conception, la définition d'un mode de gestion de ces espaces résulte du degré d'intensité des relations, observées localement, entre les usages socio-économiques et les fonctionnalités naturelles. L'orientation des politiques de gestion des zones humides est le produit combiné d'une représentation partagée de l'espace et d'arrangements négociés, par lesquels se réalise une coalition de différents acteurs et la combinaison de différentes ressources en vue de la poursuite de l'action collective.

Une telle perspective permettait de réintégrer la contrainte majeure de toute politique publique, c'est à dire la nécessité de hiérarchiser les interventions publiques selon que les enjeux de gestion se posent en terme d'arbitrage/préservation, de valorisation/restauration, ou de spécialisation des usages et des fonctionnalités naturelles. C'est bien, en effet, à partir d'une hiérarchisation de ces enjeux que sont définies des politiques de gestion différenciées, selon qu'il s'agit d'espaces à vocation touristique et de valorisation écologique, d'espaces périurbains ou d'espaces à vocation dominante agricole et populicole.

Le modèle d'analyse proposée[49] s'appuie sur une caractérisation des formes de structuration des coalitions d'intérêts, liée notamment au degré d'interdépendances entre usages, avec les données relatives aux fonctionnalités naturelles caractérisées par leur état de préservation ou de dégradation.

Dans le schéma proposé ci-dessous, l'axe des abscisses représente le degré de préservation ou de dégradation des fonctionnalités naturelles, saisi par des indicateurs des sciences de la nature. L'axe des ordonnées représente un degré

---

[49] Salles D., Vervier P., Zelem M.C. et S. Becerra (2002) Démarches interdisciplinaires et interprofessionnelles pour la gestion des zones humides : le programme zones humides Garonne, ZH info, n°36, 2e trimestre.

Vervier P., Salles D. et M. Gérino, Crossing sociological and ecological scientific knowledge to support decision making in environment: Application to wetlands management, Proposition d'article.

d'interdépendance entre usages économiques et sociaux déterminé par l'analyse sociologique. Le degré d'interdépendance constitue moins un indicateur de la diversité des usages qu'une mesure de leurs relations contraintes. En fonction de la dualité fonctionnalité sociale/fonctionnalité naturelle, différents modes de gestion peuvent être modélisés :

- de faibles interdépendances entre les usages (autrement dit la domination ou l'hégémonie d'une activité en particulier) associées à une dégradation des fonctionnalités naturelles tendent vers un mode de gestion fondé sur l'exploitation puis la restauration des zones humides ;
- de faibles interdépendances entre les usages associés à une relative préservation des fonctionnalités naturelles favorisent l'expérimentation de modes de gestion alternatifs des zones humides ;
- de fortes interdépendances entre les usages associés à une bonne préservation des fonctionnalités naturelles orientent la gestion vers des efforts d'institutionnalisation des arrangements locaux et de stabilisation des équilibres écologiques ;
- la quatrième situation, caractérisée par de fortes interdépendances entre les usages associés à une dégradation des fonctionnalités naturelles tendrait plutôt à privilégier un mode de gestion réglementaire et coercitif qui permette de normaliser les usages en vue d'une restauration des fonctionnalités écologiques.

Cette expérience d'interdisciplinarité, postérieure à la phase empirique du programme, a permis de montrer le potentiel qu'offrait ce type de coopération pour la compréhension des interactions entre des dynamiques sociales et naturelles. Au vu de ce questionnement, il a semblé évident *a posteriori*, que la sélection des sites d'études des sciences de la nature, réalisée essentiellement à partir de critères scientifiques spécifiques à ces disciplines et de critères techniques d'instrumentation, aurait gagné à intégrer des critères sociaux et économiques.

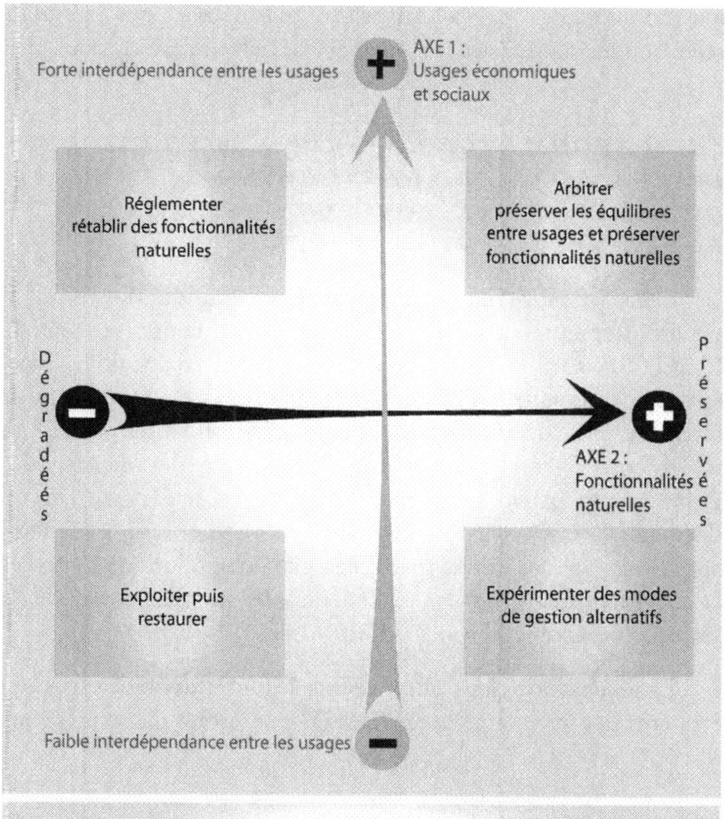

Mode de gestion des zones humides

Lorsque les résultats scientifiques, par le jeu d'une diffusion et d'une appropriation par les acteurs locaux au travers du comité constitué de gestionnaires et d'usagers, deviennent eux-mêmes un enjeu de l'action collective, les scientifiques des sciences de la nature doivent-ils accepter le compromis qui consiste à interroger les processus « naturels » en prenant en compte les enjeux sociaux qui interagissent avec eux ? Autrement dit les scientifiques se trouvent enrôlés, de manière beaucoup plus explicite qu'auparavant, dans les systèmes d'action locaux. Le mode de construction plus ouvert des questionnements et la diffusion plus large des résultats scientifiques contribuent de manière décisive à leur dynamique.

LA PERFORMANCE ENVIRONNEMENTALE DES DISPOSITIFS AGRI-ENVIRONNEMENTAUX, DIFFUSION TERRITORIALE DES ACTIONS ET LOCALISATION DES RISQUES

Dans le cadre du Programme Concertation, Décision et Environnement (MEDD), la recherche conduite par le CERTOP sur la mise en œuvre des dispositifs agri-environnementaux[50] s'est notamment intéressée aux effets de territoire de deux dispositifs agri-environnementaux, l'un réglementaire et standardisé (le Programme de Maîtrise des Pollutions d'Origine Agricole PMPOA volet élevage) et un dispositif agri-environnemental volontaire et incitatif, applicable sur des zones menacées par des pollutions agricoles et en particulier par les excédents de nitrates issus de la fertilisation azotée (dispositif Ferti-Mieux).

La localisation des pollutions par les nitrates étant supposée être corrélée avec la taille des élevages, le projet d'une mise aux

---

[50] Busca, D. (2002) Agriculture et Environnement, La mise en œuvre négociée des dispositifs agri-environnementaux, Thèse de sociologie, Université de Toulouse Le Mirail, CERTOP-CNRS.

Busca D. et D. Salles (2002) Agri-environnement : les territoires font la loi, Environnement et Société, n° 26, 51-66.

Busca D. et D. Salles (2003) Dispositifs agri-environnementaux. Des principes environnementaux aux contingences de la mise en œuvre, Colloque du Programme de recherche Concertation, Décision et Environnement, Marseille.

normes prioritaire des bâtiments d'élevage les plus importants, devait contribuer à résorber une part significative des pollutions agricoles[51]. L'observation des processus de diffusion territoriale du PMPOA à l'échelle du bassin Adour - Garonne[52] constituait de ce fait une approche originale et pertinente pour interroger la performance environnementale des dispositifs agri-environnementaux. Près de 10 ans après sa mise en œuvre, quel bilan pouvait-on tirer de l'application du PMPOA ? Le principe d'une mise aux normes selon une logique d'intégration progressive des élevages, avait-t-il conduit à une application prioritaire du programme sur les territoires où les risques environnementaux étaient estimés les plus importants ?

Un premier constat montre l'important retard accumulé dans l'effectivité du PMPOA prévu sur la période 1994-2000. En effet, fin 2000, 60% des éleveurs ciblés par le programme dans le Bassin Adour - Garonne sont entrés dans la procédure et seulement 29,3% sont arrivés au terme de la démarche contractuelle de mise aux normes[53]. Sur cette même période, le taux de contractualisation accuse une baisse régulière pouvant être analysée comme le résultat d'un désengagement progressif des éleveurs et de difficultés organisationnelles liées à l'instruction administrative du programme.

D'autre part, l'application du PMPOA fait l'objet de fortes variations départementales (échelle d'administration du PMPOA) qui apparaissent en étroite relation avec le poids

---

[51] Villey-Desmeserets F. et D. Ballay (2001) La politique de préservation de la ressource en eau destinée à la consommation humaine, Rapport du Conseil National de l'évaluation, Commissariat au plan, septembre, Documentation Française, Paris.

[52] Sur les départements du bassin Adour - Garonne, le dispositif PMPOA a concerné 7049 élevages tenus de se mettre aux normes sur la période 1994-2001.

[53] Au 31 décembre 2002, sur 7000 exploitations intégrables prévues au titre du calendrier fixé par le PMPOA, 39% sont engagées par un contrat de maîtrise des pollutions. Tableau de bord du SDAGE Adour - Garonne 2002 (Busca, 2002).

économique des filières d'élevage. Plus le poids social (en nombre d'exploitants) et économique (marge brute standard) des filières d'élevage est proportionnellement important dans un département, plus le taux de contractualisation s'accroît. En revanche les départements où l'activité d'élevage ne contribue que faiblement à l'économie agricole, le taux de contractualisation des éleveurs ciblés demeure particulièrement faible. Ainsi, les disparités départementales dans l'application d'un dispositif réglementaire standardisé, démontrent la prégnance des enjeux économiques agricoles dans la mobilisation organisationnelle des organismes professionnels agricoles et des administrations pour instruire le PMPOA.

La relation entre la localisation des exploitations mises aux normes et les territoires à risque environnemental, constitue un autre élément de mesure de la performance environnementale du PMPOA. De ce point de vue, on observe un faible taux d'intégration des éleveurs dans le PMPOA sur les territoires où la ressource en eau présente des risques jugés majeurs (nitrates, phosphates, germes pathogènes) ou des risques de pollution des eaux souterraines. En revanche, des taux de contractualisation significativement plus élevés s'observent sur les territoires qui présentent des risques de pollution des eaux de baignade et des eaux de surface. Ainsi, la dynamique d'adhésion des agriculteurs au PMPOA conduit paradoxalement à une moindre application du dispositif sur les territoires identifiés comme étant les plus exposés aux risques environnementaux. Cette observation démontre que la logique sectorielle du PMPOA n'est pas réellement en adéquation avec la géographie des problèmes environnementaux et qu'il convient de chercher des facteurs de diffusion territoriale en dehors d'enjeux proprement environnementaux.

Une vision plus synthétique des déterminants environnementaux, sociodémographiques et touristiques de la diffusion territoriale du PMPOA a permis d'établir trois profils de territoires[54].

Un premier type de configuration territoriale se caractérise, d'un point de vue environnemental, par des risques avérés de pollution des eaux de baignade et/ou des eaux souterraines ; d'un point de vue socio-économique par la présence d'une forte pression touristique et de l'habitat secondaire, et d'une concentration de la production d'élevage dans une seule filière de production. Dans ce type de configuration sociale, on observe une forte intégration des exploitations dans le PMPOA. Sur ces territoires, la mobilisation des agriculteurs pour prévenir les pollutions d'origine agricole, montre une certaine cohésion sociale entre les divers groupes sociaux porteurs d'intérêts agricoles et touristiques pour assurer les conditions environnementales d'une meilleure valorisation multifonctionnelle du territoire. Le PMPOA tend à remplir une double fonction de protection de l'environnement et de régulation des tensions potentielles entre activités agricoles et activités touristiques. L'appropriation du dispositif, par les acteurs parties prenantes de l'enjeu environnemental local, définit un cadre convergent de résolution des problèmes à l'échelle d'un territoire d'environnement co-construit par une coopération entre porteurs d'intérêts économiques, défenseurs de l'environnement et autorités politiques et administratives.

---

[54] Cette catégorisation est élaborée à partir de la méthode de l'Analyse de Correspondances Multiples. Deux séries distinctes de variables ont été sélectionnées, les quatre variables actives qui participent à la construction des axes (indicateur de risque environnemental, indicateur de pression sociodémographique, indicateur de pression socio touristique et de pression de l'habitat secondaire) ; et une variable supplémentaire de localisation qui permet d'illustrer les représentations factorielles (département d'appartenance des communes étudiées). L'ACM permet d'identifier trois profils de territoires aux caractéristiques homogènes et opposées. Des données de l'INSEE, sur l'inventaire des communes de 1998 et le dernier recensement de la population de 1999, sont mobilisées afin de compléter les profils de communes. Dans la même perspective, la démarche intègre un indicateur élaboré par l'Agence de l'Eau Adour - Garonne, relatif aux dynamiques territoriales (Busca, 2002).

Un second type de configuration territoriale se caractérise, du point de vue du risque environnemental par une sensibilité des eaux de surface aux pollutions d'origine agricole ; d'un point de vue socio-économique, ce type de communes ne connaît pas de forte concentration d'une filière de production. Les activités touristiques et l'habitat résidentiel représentent un faible enjeu économique. Ce type de configuration territoriale se traduit par un taux de contractualisation PMPOA significativement plus faible que la moyenne. Ce profil de territoire démontre la difficulté du programme à se déployer sur des zones où, en dépit de risques environnementaux avérés, la pression touristique et la structuration des enjeux agricoles sont significativement faibles.

Un troisième type de configuration territoriale est marqué, d'un point de vue environnemental par des risques importants de pollution d'origine agricole ; d'un point de vue socio-économique par une forte pression démographique et résidentielle, par une faible pression touristique et par une forte concentration d'une filière d'élevage. Sur ce type de territoire, le phénomène d'urbanisation du tissu rural, associé à la forte structuration d'une filière élevage constitue une source potentielle de tension entre usages de l'espace. Paradoxalement, le taux d'intégration des éleveurs dans le PMPOA s'avère significativement faible. On peut considérer, que la pression sociodémographique liée à la diffusion de l'habitat résidentiel ne constitue pas un facteur décisif d'engagement des éleveurs dans le programme. Cette tendance tend à montrer qu'en l'absence d'enjeux touristiques importants, la défection des filières d'élevage ciblées par le programme se révèle plus forte. Il reste que l'interprétation de ce résultat s'avère particulièrement incertaine. Faut-il considérer que la vocation résidentielle de ce type d'espace, associée à une activité agricole forte, n'induit pas -à l'inverse des territoires à vocation touristique- une demande sociale en terme d'environnement qui serait de nature à cristalliser les conflits sociaux et à initier une normalisation des pratiques agricoles ? Ou faut-il considérer que le poids économique et social de l'agriculture est tel, que l'activité agricole demeure le référentiel dominant du territoire et limite les capacités d'organisation et d'expression des usagers résidentiels de l'espace rural ?

En conclusion, l'analyse de la diffusion territoriale du PMPOA illustre des formes d'arbitrage différenciées de la gestion des pollutions d'origine agricole selon les configurations sociales des territoires. Sur les territoires à vocation touristique, la normalisation des pratiques agricoles permet de gérer les intérêts potentiellement contradictoires des activités touristiques et des activités agricoles, en préservant les conditions environnementales de la valorisation touristique du territoire (prévenir la pollution des eaux) et en garantissant aux agriculteurs leur capacité à produire dans des cadres légaux reconnus socialement. Dans ce cas la réglementation a une fonction environnementale explicite (préserver les milieux naturels) en même temps qu'une fonction sociale latente de conciliation des activités agricoles et touristiques sur le territoire. En revanche, en l'absence de réels enjeux sociaux ou économiques, et malgré l'existence de risques environnementaux liés à l'activité agricole, l'application de la réglementation reste faible. Il faut enfin souligner le caractère discriminant de la variable touristique, qui apparaît comme un facteur décisif de la diffusion du dispositif réglementaire sur les territoires.

L'influence économique de l'activité touristique comme facteur de normalisation environnementale de l'agriculture semble se dessiner comme une tendance lourde. La fonction récréative de l'espace rural a conduit à une rationalisation économique accrue de produits touristiques ciblés, destinés à répondre aux attentes croissantes des consommateurs urbains. Le développement du marché du tourisme s'appuie particulièrement sur une revalorisation de l'image et une attractivité du milieu rural français, où il tire parti de la marchandisation de ressources patrimoniales diversifiées (paysages, espaces naturels, cultures locales, gastronomie, etc.)

servies par des structures et des stratégies d'accueil qui se sont largement professionnalisées. Le tourisme devient notamment un élément de développement local, en particulier dans les cantons les plus ruraux, où son intensité et son poids économique relatif dépassent largement celui d'espaces plus densifiés[55]. La spécialisation agricole de l'espace rural tend à être remise en cause ; dans ce contexte, l'agriculture se trouve de plus en plus soumise à des exigences en matière de respect de l'environnement pour satisfaire aux attentes d'une nature propice aux activités de découverte et de loisirs. Dans de nombreux espaces ruraux, la tension entre les exigences d'un environnement protégé pour le tourisme et une agriculture désignée comme responsable d'une dégradation des ressources naturelles renforce les problèmes de cohabitation des activités.

Après avoir été des outils de protection de l'agriculture défavorisée, les dispositifs agri-environnementaux, désormais intégrés dans la politique d'aménagement rural sont-ils en passe de devenir un instrument privilégié des tensions entre la fonction agricole et la vocation touristique de l'espace rural ? L'exemple du PMPOA montre bien les effets d'un phénomène de recyclage des dispositifs agri-environementaux. Ils auraient moins pour fonction de protéger ou de restaurer des fonctionnalités naturelles là où elles sont effectivement menacées, que de préserver les conditions d'exercice d'activités touristiques sur les territoires où le potentiel le permet. Ailleurs, les espaces sans vocation touristique pourraient rester confrontés à leurs problèmes de pollutions agricoles.

On voit comment le PMPOA initialement construit sur le principe d'une gestion réglementaire sectorielle des pollutions agricoles, a fait l'objet d'une relecture au travers des enjeux de territoires, qui ont progressivement contribué à reformuler des

---

[55] Bontron J. C. et A. Morel-Borchet (2002) Tourisme et fonctions récréatives : quelles perspectives pour les espaces ruraux ? *in* Perrier-Cornet P. (dir.), *Repenser les Campagnes*, Ed. de l'Aube, La Tour d'Aigues.

prescriptions environnementales en fonction des intérêts locaux. Cette affirmation de l'autonomie locale des territoires n'est pas nouvelle mais, concernant l'action publique environnementale elle dessine des territoires inattendus. L'analyse de la diffusion territoriale du PMPOA montre que ce sont moins les problématiques environnementales qui définissent de nouveaux territoires, que les territoires agricoles qui redéfinissent les problématiques environnementales, dans un registre socialement et économiquement acceptable et avantageux pour l'activité agricole.

En réintégrant une dimension territoriale explicite (les zones vulnérables), la réforme du PMPOA de 2000, semble avoir pris acte des limites d'un dispositif exclusivement sectoriel, dont les effets de localité ont été orientés par des enjeux territoriaux plus agricoles et touristiques qu'environnementaux. La désignation, au travers d'une procédure désormais sous contrôle de l'Europe, de territoires d'action prioritaires ne semble pour autant pas en mesure de garantir l'efficacité environnementale. Dans le Bassin Adour - Garonne, le Président du Comité de Bassin, à l'occasion du débat national 2003 sur la politique de l'eau, a émis publiquement des réserves face à la Ministre de l'écologie et du développement durable sur les contradictions des nouvelles orientations de territorialisation du PMPOA en ZV : « *Nous sommes ainsi appelés par nos autorités de tutelle (...), à privilégier le traitement des pollutions des exploitations d'élevage situées dans les zones vulnérables (c'est-à-dire là où le taux de nitrates est préoccupant) alors que ces zones dans notre bassin sont pour l'essentiel des zones de grandes cultures. A l'évidence, nous serions mieux avisés de réserver nos efforts, aux zones, vulnérables ou pas, où l'enjeu véritable, stratégique et partagé est la protection de la ressource.* »[56]. Face au paradoxe d'un programme de mise aux normes des exploitations d'élevage dans des zones vulnérables où elles sont manifestement

[56] Discours de Jean François-Poncet au comité de Bassin Adour - Garonne 30 juin 2003, Revue de l'Agence de l'Eau, n°87, 2003, p. 18.

absentes, le président du comité de Bassin Adour - Garonne demande au Ministère de s'affranchir de ce zonage « *afin que la politique de maîtrise des pollutions diffuses s'organise en tenant compte des spécificités locales* ».

L'exemple du PMPOA illustre bien l'ambiguïté de la territorialisation de l'action environnementale. Dans sa première phase, sans référence explicite à des enjeux environnementaux locaux, le programme a été dirigé par des intérêts économiques vers des territoires sans problèmes environnementaux prioritaires. Désormais, dans sa nouvelle conception, le programme autoritairement ciblé sur les zones de grandes cultures risque une nouvelle fois de manquer son objectif. Le basculement radical d'une action environnementale exclusivement sectorielle à un programme strictement territorialisé semble devoir conduire à une même impasse en terme d'efficacité environnementale.

DISPOSITIFS VOLONTAIRES ET TERRITORIALISATION

La territorialisation des programmes agri-environnementaux à l'échelle des bassins où se manifestent les problèmes de pollution diffuse, est présentée comme un argument important pour mieux en faire assumer la gestion par la communauté locale, rendue ainsi comptable des résultats atteints. Les dispositifs volontaires et incitatifs Ferti-Mieux, relevant de cette logique, font-ils preuve d'une plus grande effectivité ? L'opération labellisée Ferti-Mieux étudiée[57], a pour

---

[57] L'opération Ferti-Mieux étudiée par D. Busca dans le cadre de sa thèse (Busca, 2002) et du programme CDE (Busca et Salles, 2002, op. cit.) est localisée dans le département de l'Ariège et intitulée Ferti-Neuf. Elle s'organise à une échelle territoriale restreinte (8 cantons et 41 communes) et mobilise un système local d'acteurs publics et professionnels hétérogène, porteurs d'enjeux agricoles, non-agricoles et environnementaux. La maîtrise d'œuvre est assurée par la Chambre d'Agriculture de l'Ariège. Le périmètre d'application de l'opération

objectif explicite de résoudre, à l'échelle d'un territoire défini, un problème de pollution par les nitrates d'origine agricole de la nappe phréatique. Cette pollution a rendu l'eau souterraine impropre à la consommation humaine, au point que depuis 1989, les communes de la basse vallée de l'Ariège ont abandonné cette ressource en eau potable pour se tourner vers les eaux superficielles des rivières. Ferti-Neuf vise par la pédagogie et l'incitation à amener les agriculteurs à modifier leurs pratiques de fertilisation et d'irrigation, afin de reconquérir la qualité de l'eau de la nappe.

Après plus de dix ans de fonctionnement du dispositif Ferti-Neuf, l'évolution des taux de nitrates s'est désormais stabilisée mais la ressource demeure toujours impropre à la consommation. L'opération Ferti-Neuf qui concernait potentiellement 306 exploitations agricoles, n'a permis d'intégrer effectivement que la moitié des exploitations ciblées. L'analyse de la diffusion territoriale de Ferti-Neuf montre que les cantons où le poids économique des exploitations agricoles de maïs semence est le plus significatif[58], sont caractérisés par un moindre taux d'adhésion des agriculteurs, ce qui témoigne d'une défection de la filière de production maïs semence. Pour ces exploitations identifiées par les gestionnaires comme « à risque environnemental majeur » et qui représentent le cœur de

---

Ferti-Neuf se superpose au 1er programme réglementaire d'action en Zone Vulnérable du département de l'Ariège (1996-2000). La zone d'application du dispositif est caractérisée par une agriculture atypique au sein du département de l'Ariège : la culture intensive domine sur la zone, 60% des surfaces cultivées sont irriguées et en monoculture, les 2/3 de ces cultures irriguées sont occupés par la culture maïs semence, à haute valeur ajoutée. La sensibilité des milieux naturels aux pollutions d'origine agricole est renforcée par une importante politique de drainage et de remembrement des parcelles cultivées durant ces dernières décennies. Les enjeux extra agricoles sont peu importants sur la zone, notamment les enjeux touristiques.

58 Sur le périmètre de l'opération Ferti-Neuf, la culture du maïs irrigué occupe plus de 40% de la Surface Agricole Utilisée et représente 85,4% de la Marge Brute Standard départementale.

cible du programme, le taux d'adhérents indique un réel déficit d'effectivité de l'opération Ferti-Neuf.

S'il semble désormais de plus en plus évident que la révélation des problèmes environnementaux contribue à reconfigurer les territoires de l'action publique[59], l'analyse des dispositifs agri-environnementaux permet de démontrer que les territoires agricoles reconfigurent les problèmes environnementaux. On observe, en effet, que l'absence d'intérêts contradictoires entre les activités économiques limite la diffusion des dispositifs sur les territoires, en dépit de risques environnementaux avérés et qu'à l'inverse, des situations de concurrence entre des activités (agriculture et tourisme) favorisent le déploiement des dispositifs, potentiellement vers des territoires sans problèmes environnementaux majeurs. C'est moins la géographie des problèmes environnementaux que la configuration locale des enjeux sociaux et économiques qui oriente la diffusion territoriale des dispositifs agri-environnementaux. Les dispositifs agri-environnementaux visent davantage à gérer des conflits potentiels d'appropriation sociale ou économique d'un espace, qu'à résoudre ou à prévenir les impacts réels de l'agriculture sur l'environnement.

DES OBJETS HYBRIDES POUR L'INTERDISCIPLINARITE : LES NORMES ENVIRONNEMENTALES

Les normes environnementales (normes de débits et normes de qualité de l'eau, norme de biodiversité) sont un des sujets d'interrogation fréquemment débattus entre scientifiques et gestionnaires de l'eau. C'est à l'occasion d'une controverse sur la détermination de la norme de Débit Objectif d'Etiage (DOE) définie par le SDAGE Adour - Garonne qu'est apparue

---

[59] Perrier-Cornet P. (2002) Repenser les campagnes, Ed. de l'Aube, La Tour d'Aigues.

la nécessité d'organiser un séminaire sur les *normes environnementales*. Il s'avérait, à l'évidence, que la notion de norme environnementale relevait de conceptions différentes entre les sciences de la nature, les sciences sociales, les gestionnaires et les usagers. Si la problématique visant à interroger les processus de construction des normes fait son chemin en sciences sociales[60], dans le monde de l'expertise, elle reste largement suspectée de conduire à une forme de relativisme scientifique, qui menacerait tout l'édifice normatif sur lequel s'appuient les organismes gestionnaires de l'environnement au sens large.

Le séminaire « *normes environnementales* » a été conçu comme atelier de travail interdisciplinaire et interprofessionnel chargé de confronter différents référentiels des sciences sociales, des sciences de la nature et des gestionnaires et comme un préalable à la définition collective de recherches interdisciplinaires sur les processus de co-construction de différentes normes environnementales.

La capacité croissante des usagers ou des destinataires des normes environnementales à peser le contenu et l'application des règles, invite à considérer les normes environnementales moins comme des indices "robustes" fondés essentiellement sur le travail d'expertise technique et scientifique, mais plutôt comme des normes hybrides ou des normes sociotechniques[61] conçues comme des compromis entre des prescriptions techniques, des intérêts socio-économiques et des objectifs politiques. Cette perspective suggère que les normes environnementales n'ont pas vocation à prescrire un *optimum* écologique à atteindre, mais que les seuils qu'elles définissent constituent des compromis sociaux, conduisant à un arbitrage

[60] Callon M. et A. Rip (1992) Humains, non humains : morale d'une coexistence, in La Terre outragée, Revue Autrement, Série Sciences en société, n° 1, janvier.

[61] Callon M. et A. Rip (1992) op. cit.

entre les exigences du développement socio-économique et les attentes sociales en matière d'environnement.

EXEMPLES DE NORMES ENVIRONNEMENTALES SOUMISES A LA DISCUSSION DU SEMINAIRE ECOBAG :

- La Directive Cadre Européenne sur l'eau (DCE 2000/60/CE) propose des « définitions normatives des classifications de l'état écologique » des eaux de surface et des eaux souterraines qui déterminent des objectifs de qualité à atteindre à échéance de 15 ans. Comment sont déterminées les notions de « très bon état/ bon état/état moyen » ?
- Le SDAGE Adour - Garonne, fixe pour un réseau de points nodaux du SDAGE des valeurs d'objectifs de qualité des eaux de surface (mesure B1) et des eaux souterraines (mesure B6). Les dispositions réglementaires de l'application de la directive européenne eaux résiduaires urbaines (1991) déterminent les obligations des collectivités en matière de lutte contre la pollution. Quelles sont les conséquences de ces prescriptions pour les gestionnaires et les usagers ?
- Dans le cadre des nouvelles teneurs maximales de certains contaminants dans les denrées alimentaires, un règlement européen[62] a fixé à partir du 5 avril 2002 la norme "bivalves" de 10 à 5 mg de cadmium /kg (poids sec) ou 2 à 1 mg Cd/kg (poids frais). Quelles sont les conséquences de la réduction par 2 de la norme sur les activités ostréicoles ?

---

[62] Commission CEE 8 mars 2001- Rgt N°466/2001/CE avec application au 5 avril 2002. Complément information sur le site de l'AFSSA - saisine N° 2001-SA-0156, fiche du 13 mai 2002.

- En matière de quantité, sont fixés dans le SDAGE des Débits d'Objectifs d'Etiage (DOE) (mesure C1)[63], dont la valeur d'objectif à 2007 doit être précisée au travers notamment des Plans de Gestion des Etiages (PGE). Comment les DOE DCR ont-ils été déterminés à l'occasion de la négociation des PGE ? Quel est l'impact de ces normes de débit sur la qualité des milieux, sur le programme de développement de ressources en eau (PDRE) ?

- La foresterie connaît une évolution sans précédent faisant l'objet de nombreux débats, notamment sur la gestion durable, l'écocertification des produits (ISO 14001). Des principes généraux (rôle fonctionnel de la diversité biologique, principe de précaution...) ont été intégrés par les parties prenantes de la foresterie. Cependant, l'application des standards de gestion internationaux se heurte au manque de modèles écologiques adaptés aux petits fragments forestiers qui caractérisent l'espace rural français. Cette adaptation locale des normes forestières soulève de nombreuses questions. Existe-t-il des seuils dans la biodiversité des paysages qui permettent de définir un domaine de biodiversité « acceptable » ? Quelle est la perception et l'acceptabilité de ces seuils par les différents acteurs concernés ? Quels sont les processus de co-conception des normes dans le domaine des relations forêt - environnement ? A quelles échelles d'espace et de temps ?

[63] « Les valeurs retenues pour les DOE sont des valeurs à atteindre avant 2007 et résultent de compromis, à l'échéance du SDAGE, entre les besoins en eau (pour le milieu aquatique, la salubrité, les prélèvements à l'aval) et la possibilité de mobiliser une ressource suffisante. Les choix on été guidés par les accords locaux de gestion de l'eau, à défaut par les débits de référence des cartes départementales d'objectifs de qualité » SDAGE AG mesure C1.

SEMINAIRE ECOBAG « NORMES ENVIRONNEMENTALES »

Toulouse le 29 janvier 2003

Comité d'organisation :

Gérard Balent (INRA), Dolores De Bortoli (CRA Université de Pau), Marc Deconchat (INRA), Bernard Contamin (CREG, Université de Pau), Jacques Lolive (SET Université de Pau), Denis Salles (CERTOP Université Toulouse Le-Mirail), Alain Duchein (AEAG), Claudine Lacroix (AEAG Pau), Claudine Courrèges (Communauté d'agglomération BAB), Philippe Vervier (GIS ECOBAG)

Coordination :

Denis SALLES (CERTOP), Jacques LOLIVE (SET)

Conférences

M. CALLON (Sociologue) Centre de Sociologie de l'Innovation, Ecole des Mines Paris : « La discussion publique des normes techniques est-elle envisageable ? » ;

B. BARRAQUE (Socio-économiste) LATTS CNRS Ecole des Ponts et Chaussées : « Normes environnementales et sanitaires : "qualité de l'eau", quelles normes pour demain ? » ;

M. LAGARDE (Juriste) maître de Conférences à l'Université de Pau et des Pays de l'Adour. Consultant national et international : « Les normes de droit forestier » ;

B. CONTAMIN (Économiste) chercheur au CREG, Université de Pau et des Pays de l'Adour : « La qualité des eaux de l'estuaire de l'Adour : la nécessaire adaptation locale des normes *venues d'en haut* » ;

D. SALLES (Sociologue) CERTOP-CNRS UTM: « Les normes Débits Objectifs d'étiage (DOE) de l'Adour et de la Garonne : quels enjeux ? » ;

G. BALENT et M DECONCHAT (Écologues) chercheurs à UMR DYNAFOR INRA : « Des modèles d'Ecologie forestière aux "normes" de gestion ».

Dans le domaine de l'environnement, experts, scientifiques, gestionnaires, administrations, décideurs, usagers sont quotidiennement confrontés – explicitement ou implicitement - à des normes et à leur traduction juridique dans le droit. Cependant, les langages, les savoir-faire et les référentiels qu'ils mobilisent renvoient à des cultures et des réalités professionnelles, à des univers symboliques souvent très éloignés.

Le séminaire a fixé pour objectif de croiser les différentes problématiques concernant la définition des normes :

- la problématique des sciences sociales qui considère les normes comme des constructions hybrides : sociales, politiques économiques, technico-scientifiques, juridiques ;
- la problématique des sciences de la nature appelées à déterminer des paramètres globaux (par exemple pour l'eau : des paramètres hydrauliques (débits, températures, turbidité) et aérologiques (précipitations, température, humidité...), des critères biologiques représentatifs de la qualité écologique du milieu aquatique ;
- la problématique des gestionnaires appelés à mobiliser des seuils de risque, des critères "objectifs" destinés à formaliser des règles d'arbitrage entre les usages de la ressource et à définir des outils opérationnels de gestion des situations de crise.

En conclusion, la démarche interdisciplinaire semble désormais imprégner les dimensions scientifiques et organisationnelles de la recherche sur l'environnement. Cette dynamique pragmatique et tâtonnante, représente pour la sociologie un intérêt comme objet de recherche en soi, mais elle soulève également des interrogations sur sa place dans le développement des approches interdisciplinaires. Par sa capacité à décoder les enjeux sociaux, politiques et les enjeux organisationnels et financiers liés à la généralisation de programmes multi partenariaux, la sociologie doit prétendre à un rôle plus important de coordination dans la construction des problématiques interdisciplinaires.

Si des avancées notables semblent être intervenues pour promouvoir l'interdisciplinarité, de nombreux freins persistent.

Du côté des avancées, on observe un réel changement dans les cultures scientifiques qui tendent à une reconnaissance quasi générale du recours à l'interdisciplinarité pour analyser les problèmes environnementaux et imaginer des solutions pour les surmonter. Cette reconnaissance a eu des incidences sur l'organisation des programmes de recherche en environnement, qui désormais ne peuvent se concevoir sans une approche pluridisciplinaire (et progressivement interdisciplinaire)[64]. Cette évolution pousse les disciplines traditionnelles à revoir les frontières de leurs questionnements, à rechercher des coopérations, qui suscitent des avancées en terme d'intégration scientifique (définition d'objets de recherche, de cadres conceptuels communs). L'orientation de l'interdisciplinarité vers la résolution de problèmes tend à accorder une légitimité égale à toutes les disciplines en réduisant les risques d'hégémonie d'un cadre analytique disciplinaire et en suscitant une réflexivité sur les limites de chaque discipline.

---

[64] La pluridisciplinarité représente un « ensemble de disciplines associées, mais multiples, sans objectifs explicatifs, méthodes ou théories en commun, utilisant une terminologie différente, ne définissant pas les problèmes de la même façon ». L'interdisciplinarité « se caractérise par la volonté de résoudre un problème unique sur lequel toute l'attention est focalisée, à l'aide de théories explicatives homogènes et en utilisant un vocabulaire spécifique » Leroy P. (2004) p. 5.

Les approches des sciences sociales ont conduit les chercheurs d'autres disciplines à relativiser la naturalité des écosystèmes et à penser leurs transformations en dynamique avec celles des sociétés locales. Elles imposent l'idée que les formes de connaissances techniques et scientifiques de la nature sont une des multiples facettes de la réalité sociale. Elles contribuent également à renoncer au paradigme dominant de la « résistance au changement » en mettant en évidence la cohérence des différentes formes de stratégies individuelles et/ou collectives d'adaptation des populations locales à leur environnement.

De nombreuses limites persistent cependant. Les programmes, même ceux réputés interdisciplinaires, restent souvent dominés par les sciences de la nature qui imposent leurs questionnements et leurs contraintes techniques d'expérimentation. Les nouvelles configurations de recherche scientifique que dessine la confrontation plus systématique entre les acteurs scientifiques, les acteurs de la gestion de l'environnement et la société civile, sont loin d'être stabilisées.

Des incertitudes demeurent sur le statut scientifique des connaissances interdisciplinaires. La construction de cadres théoriques communs aux disciplines nécessite de recourir à des concepts communs (développement durable, gouvernance environnementale, anthroposystèmes...) qui par leur généralité risquent l'abstraction ou la rhétorique, mais sans lesquels les recherches ne peuvent prétendre à une cumulativité indispensable. La recherche interdisciplinaire est confrontée à sa capacité à répondre à des questions complexes et à apporter des outils d'aide à la décision.

La recherche interdisciplinaire en environnement est confrontée à sa capacité à répondre à des questions complexes qui mêlent des connaissances sur des processus écologiques et bio-physicochimiques et une compréhension des représentations, des pratiques et des systèmes sociaux. Elle doit également désormais imaginer et formaliser les outils du transfert et de l'appropriation des savoirs scientifiques par les décideurs et la société civile. La sociologie a certainement un rôle privilégié de médiation dans ce processus d'implication sociale croissante de la recherche.

VULNERABILITE DES RESSOURCES EN EAU A LA POLLUTION

Michel VAUCLIN

CNRS/LTHE - Grenoble

INTRODUCTION

Au cœur des questions liées au développement de nos sociétés, l'eau constitue (et a toujours constitué) un enjeu majeur dans la mesure où elle intervient dans pratiquement tous les processus gouvernant notre environnement et son évolution. Elle est à la fois ressource pour les systèmes biotiques et sociaux, agent géomorphologique des paysages, vecteur de matières diverses et milieu de vie. Néanmoins, son caractère limité et fragile est patent.

En effet, depuis plusieurs décennies, les demandes en eau douce pour l'environnement et les activités humaines tendent à rejoindre globalement, et même à dépasser localement, les quantités disponibles. Les activités humaines et les insouciances correspondantes conduisent bien souvent et en maints endroits à une dégradation de la qualité des eaux superficielles et souterraines, des sols et des écosystèmes continentaux et marins. L'aspect crucial des solutions à développer réside très probablement dans la gestion intégrée de l'écosphère continentale tenant compte à la fois des ressources, des demandes et des usages d'une part, des interactions physiques, chimiques, biologiques et sociétales d'autre part, et ce, à travers les différents flux associés d'eau, d'énergie, d'éléments chimiques et de matières particulaires (biotiques et abiotiques). Cette gestion intégrée doit s'appuyer sur des outils de représentation et d'évaluation (aussi scientifiquement fondés que possible) des stocks et des flux, outils nécessitant une compréhension préalable des processus à différentes échelles spatiales et temporelles :

- ***l'échelle locale et régionale***, où se manifestent de fortes pressions anthropiques pouvant être en éventuels conflits avec les contraintes écologiques de bon fonctionnement et de « durabilité » des milieux concernés ;
- ***l'échelle nationale et européenne***, avec la mise en œuvre de Directives (e.g. celles relatives à l'eau, aux nitrates, aux déchets et bientôt aux sols) et de politiques communautaires (e.g. la Politique Agricole Commune, la réduction des émissions de gaz à effet de serre) qui s'imposent à tous les États membres, alors que les surfaces et interfaces continentales[65] souffrent encore de nombreuses lacunes de connaissances et de modes adéquats de représentation de leur fonctionnement ainsi que d'outils d'évaluation dynamique de leur état écologique ;
- ***l'échelle de la Planète***, avec l'expression affichée, répétée (e.g. Rio, 1992 ; Johannesburg, 2002 ; Forums mondiaux sur l'eau de Marrakech, 1997 ; Le Havre, 2000 et Kyoto, 2003), mais encore incantatoire d'une préoccupation croissante en matière de « développement durable » et de « gestion intégrée » avec néanmoins la prise de conscience réitérée de la nécessité, au plan scientifique, de prendre en compte les couplages entre les compartiments (atmosphère x hydrosphère x pédosphère x biosphère) et les processus (hydrologie x chimie x biologie x écologie) ainsi que les interactions homme x milieu ;

[65] Les surfaces et interfaces continentales doivent ici être comprises comme l'ensemble des objets continentaux et de leurs frontières (laguno-littorale, couche limite atmosphérique de surface, aquifère profond) sur lesquels se font sentir les influences humaines et climatiques.

- **au niveau des échelles temporelles**, les phénomènes à temps courts liés aux aléas météorologiques et à leurs impacts hydrologiques (e.g. crues éclair, inondations) sont encore insuffisamment bien compris et donc leurs prévisions demeurent incertaines. A plus long terme, l'effet des changements globaux et du climat, les conséquences de prises de décisions à court terme d'aménagements et de gestion de l'espace (rural et urbain) sur les cycles hydrologique et biogéochimique ainsi que sur le fonctionnement et l'évolution des sols restent mal connus et leurs impacts également incertains, donc controversés.

La sécurité environnementale occupe également une place croissante dans les préoccupations de la Société, notamment au travers des conséquences sanitaires et écologiques des catastrophes naturelles, des accidents technologiques et des pollutions diffuses et/ou localisées d'origine chimique et/ou biologique. Elle attend de l'ensemble des acteurs (Pouvoirs Publics, agents socio-économiques…et scientifiques) une meilleure capacité à anticiper, prévenir et gérer ces risques dans une perspective de bien-être collectif. L'articulation entre l'aléa et la Société est ici au cœur de cette problématique.

Dans le cadre de cette communication, il est évidemment exclu et surtout prétentieux de prétendre traiter l'ensemble de ces questions dans leur exhaustivité et ce, d'autant plus que nombre d'entre elles font l'objet de développements présentés dans ce volume. On se propose ici d'en illustrer quelques aspects à partir de l'exemple de la contamination des masses d'eau (au sens de la DCE) par les produits phytosanitaires et de proposer quelques pistes de réflexion.

QUELQUES DEFINITIONS

S'il existe un consensus pour définir le risque comme étant le croisement d'un aléa (généralement subi) et d'une vulnérabilité (souvent choisie), la définition de ces trois termes est sujette à des interprétations différentes selon la nature des processus concernés, les contextes, les auteurs et les acteurs. Ainsi, l'aléa qui fait référence au hasard ou au sort peut être défini comme « tout élément objectif d'origine externe ayant un caractère prévisible ou imprévisible dans une zone donnée ». Cette définition fait appel plus à la notion de possibilité que de probabilité couramment utilisée pour la formulation mathématique du risque (Coste, 2001). Ainsi dans le domaine des phénomènes naturels on parle d'aléa sismique, volcanique, climatique ou gravitaire. Dans le cas des pollutions diffuses ou localisées, s'y substituent couramment les concepts d'exposition (Hayot van der Werf, 1996 ; Rico, 1999) ou de pression/charge polluante s'exerçant sur le milieu (Foster, 1987).

La vulnérabilité peut être définie comme « le degré de pertes/dommages subis par tout ou partie d'un système exposé à un aléa donné d'une sévérité donnée ». Selon Coste (2001), elle ne se conçoit pas sans l'existence d'activités humaines. Dans le contexte de la pollution chimique ou biologique des masses d'eau, plusieurs définitions de la vulnérabilité sont proposées (Civita, 1993) :

- la vulnérabilité potentielle de la ressource qui, dans le cas des produits phytosanitaires, fait appel à leurs propriétés de mobilité et de persistance dans l'environnement ;
- la vulnérabilité intrinsèque liée aux seules caractéristiques géophysiques du milieu ;
- la vulnérabilité spécifique qui est fonction à la fois du milieu et du produit considérés.

Ainsi, en adoptant le strict (mais oh combien réducteur !) point de vue des Sciences de la Nature, l'évaluation du risque se ramène à celle des vulnérabilités, la pression polluante étant alors assimilée à des conditions aux limites imposées aux masses d'eau (e.g. apport du produit à la surface du sol, flux de lixiviats en fond de capacité de stockage de déchets, etc.).

EVALUATION DE LA VULNERABILITE

Deux méthodes d'évaluation de la vulnérabilité de la ressource en eau à une contamination chimique sont brièvement abordées ci-dessous : la modélisation mécaniste du devenir d'un soluté et l'approche « indicateur d'impact environnemental ».

MODELISATION DES TRANSFERTS COUPLES EAU-SOLUTE

En préambule, on rappelle qu'un modèle mathématique (il en existe d'autres !) est une image schématique d'une réalité, en général complexe, et pas nécessairement un exemple à suivre (et surtout pas un code numérique !). Il est susceptible de se mettre sous la forme générique suivante :

$$Y = F(X_i, a_j) + \varepsilon \qquad (1)$$

où X_i et Y sont respectivement les vecteurs des variables d'entrée et de sortie, a_j les paramètres et ε l'erreur commise en assimilant l'objet d'étude à son image. Elle permet une classification des modèles :

- un modèle conceptuel (de type mécaniste ou fonctionnel) correspond à une fonction F fondée sur une certaine connaissance (et pas nécessairement certaine) des processus impliqués ;
- lorsque F résulte d'expériences, il s'agit d'un modèle empirique ;
- quelle que soit la nature de la fonction F, considérer les variables d'entrée et/ou les paramètres comme appartenant à des Fonctions Aléatoires conduit à une modélisation

stochastique. Dans le cas contraire, il s'agit d'un modèle déterministe.

A titre d'exemple, le transport isotherme d'une espèce chimique dans le sol est très classiquement modélisé à l'échelle macroscopique par l'équation suivante (eq. 2):

$$\frac{\partial(\rho_d S)}{\partial t}+\frac{\partial(\theta C)}{\partial t}+\frac{\partial(\theta_a K_H C)}{\partial t}=\frac{\partial}{\partial z}\left[\theta D(\theta,q)\frac{\partial C}{\partial z}\right]-\frac{\partial}{\partial z}(qC)+\sum_j \Phi_j(C,S)+A(z,t)$$

(a) (b) (c) (d) (e) (f) (g)

où C et S sont les concentrations de la substance associées aux phases fluide et solide respectivement, ρ_d est la masse volumique du sol sec, θ est la teneur volumique en eau du sol et θ_a sa teneur volumique en air, K_H est la constante de Henry, D est le coefficient apparent de dispersion hydrodynamique de l'élément chimique, q est la densité de flux volumique donnée par la loi de Darcy généralisée.

Chaque terme de l'équation (2) est représentatif d'un mécanisme spécifique :

- le premier terme (a) décrit le taux de passage de l'élément chimique de la phase liquide à la phase solide et vice-versa. Il représente les processus d'adsorption - désorption et d'échanges ioniques ;
- les termes (b) et (c) rendent compte des taux de variation (positive ou négative) de l'élément dans les phases fluides (eau et air respectivement) ;
- le terme (d) décrit le transport dispersif associant la diffusion moléculaire (ou ionique) au mélange mécanique provoqué par les variations spatiales de la vitesse de l'écoulement à l'échelle microscopique ;

- le terme (e) représente le transport convectif, l'espèce chimique étant entraînée par le flux d'eau q auquel correspond la vitesse moyenne de pore $v = q / \theta$;
- le terme (f) intègre l'ensemble des réactions et transformations biochimiques subies par l'élément et non considérées dans (a) ;
- le dernier terme (g) rend compte d'éventuels prélèvements ou apports de la substance.

Au travers les termes (a) et (f), l'équation (2) doit être couplée à différents sous-modèles biochimiques faisant appel à différentes hypothèses relatives aux phénomènes d'adsorption (équilibre et /ou non équilibre local, instantané ou avec une cinétique) et de dégradation (cinétique du 1er ordre ou d'ordres supérieurs). On pourra se reporter à différents auteurs (e.g. Vauclin, 1994 ; Kutilek et Nielsen, 1994; Richter et al., 1996; Gaudet et Vauclin, 2005, parmi d'autres) pour plus de détails.

On notera que l'équation (2) inclut les cas du transport en nappe (θ = porosité, $\theta_a \cong 0$) et dans les eaux de surface ($\theta = 1, \theta_a = 0$, ρ_d étant alors la masse volumique des particules solides susceptibles de convecter une substance qui leur serait adsorbée).

Ce formalisme mécaniste a conduit au développement de nombreux modèles et codes numériques de simulation des transferts des phytosanitaires dans les sols [e.g. ACTMO (Frere et al., 1975) ; MOC (Konicknow et Bredehoef., 1978) ; CREAMS (Knisel, 1980) ; MOUSE (Steenhuis et al., 1984) ; PRZM (Carsel et al., 1984) ; RUSTIC (Dean et al., 1989) ; MARTHE (Thiery, 1990) ; GLEAMS (Davis et al., 1990) ; HYDRUS-1D (Kool et van Genuchten, 1999) ; LEACHP (Hutson et Wagenet, 1992) ; MIKE-SHE-TRAN (Ewen, 1995) ; HYDRUS-2D (Simunek et al., 1996) ; PESTLA (van den Berg et Boesten, 1998)]. Ce sont d'excellents outils de recherche permettant notamment d'étudier en détail les interactions physico-chimiques, de conduire de manière rigoureuse des études de sensibilité à tel ou tel phénomène ou paramètre et de hiérarchiser les processus. Néanmoins, ils requièrent un grand nombre de données qui sont rarement accessibles ou disponibles. Leur sous-détermination (ou sur-paramétrisation) nécessite, dans la majorité des situations, une phase préalable de calage (apprentissage) avant leur utilisation comme simulateur ou prédicteur. De plus, leur mise en œuvre sur le terrain se heurte à la connaissance incertaine des paramètres liée à la variabilité spatio-temporelle du milieu, à son sous–échantillonnage, voire aux difficultés d'observations elles-mêmes. De ce fait, ces modèles apparaissent bien souvent plus comme des exercices intellectuels d'intérêt académique que comme de véritables outils d'aide à la prise de décision.

LES INDICATEURS

D'une façon générale, un indicateur est une variable agrégative qui rend compte de l'état d'un système et de son évolution en fournissant des renseignements sur d'autres variables d'accès plus difficile (Mitchell et al., 1995 ; OCDE, 1998). En résumant l'information et en permettant d'appréhender des systèmes complexes, les indicateurs, notamment d'impact environnemental, présentent un intérêt certain pour la prise de décision. Contrairement aux approches modélisatrices précédentes, ils n'ont pas vocation à calculer les évolutions spatio-temporelles des flux et des concentrations dans les masses d'eau.

En revanche, ils permettent i) d'estimer la plus ou moins grande propension de tout ou partie d'un hydrosystème à être contaminé et ce, à partir d'une représentation simplifiée et robuste des processus physiques, chimiques et biologiques mis en jeu, ii) de classer, de sélectionner des produits en fonction de leur potentiel de contamination, iii) de cartographier les zones de plus ou moins forte vulnérabilité et de spatialiser les risques associés à l'aide de Systèmes d'Informations Géographiques et iv) de prendre en compte de façon aisée les imprécisions ou incertitudes. On trouvera des illustrations de ces différentes facettes dans les références non exhaustives suivantes : Loague et al. (1989, 1990), Giambelluca et al. (1996), Li et al. (1998), Diaz-Diaz et al. (1999), Bernard et al. (2005) pour les aquifères ; Hayo van der Werf (1996) et de Bruyn et al. (2001 et 2006) pour les eaux superficielles.

Pour la vulnérabilité des eaux souterraines, de nombreux indices ont été proposés [LEACH (Laskowski et al. 1982) ; DRASTIC (Aller et al., 1985) ; MDI (Mahmood et Sims, 1986) ; GOD (Foster, 1987) ; LPI (Meeks et Dean, 1990) ; GUS (Gustafson, 1991), AF (Rao et al., 1985)]. Parmi ceux-ci, l'indicateur de vulnérabilité spécifique AF pour « Attenuation Factor » défini par :

$$AF = \exp[-(\ln_2 d\theta_{FC} RF) / qDT50] \qquad (3)$$

avec $RF = [1 + (\rho_d f_{oc} K_{oc}) / \theta_{FC}]$ semble plus particulièrement pertinent pour les raisons essentielles suivantes : i) il résulte de la résolution de l'équation (2) sous certaines hypothèses simplificatrices (voir le développement dans Bernard, 2004), ii) il a fait l'objet d'évaluations positives par comparaison à des modélisations mécanistes (e.g. Nofziger et Hornsby, 1985 ; Carsel et al., 1984), iii) il intègre les caractéristiques à la fois du milieu physique (*via* la capacité au champ θ_{FC}, la masse volumique ρ_d et la fraction de carbone organique f_{oc} du sol, ainsi que la profondeur d et le flux net q de recharge de la nappe) et du produit (par l'intermédiaire de son temps de demi-vie $DT50$ et du coefficient d'adsorption K_{oc}).

Physiquement, AF représente la fraction de la masse d'un produit appliqué à la surface d'un sol qui est susceptible d'être entraînée au-delà de la profondeur d, donc d'atteindre la masse d'eau souterraine et par conséquent de la contaminer potentiellement (sans bien entendu pouvoir déterminer ni la concentration ni le temps d'arrivée de la pollution). On trouvera dans Bernard et al. (2005) un exemple d'application pour cinq herbicides (alachlor, atrazine, diuron, triclopyr et 2,4-D) dans le contexte réunionnais. Les résultats montrent que la probabilité de contamination des eaux souterraines est faible, à l'exception des périodes cycloniques (40 j/an) où le risque devient important (et ce, d'autant plus qu'elles correspondent à celles des épandages) notamment pour l'atrazine (ce qui justifie là comme ailleurs son interdiction d'utilisation) et le triclopyr.

De façon assez étrange, il semble que, contrairement aux eaux souterraines, la communauté se soit sentie moins motivée pour développer/proposer des indicateurs de vulnérabilité des eaux de surface malgré la dégradation assez alarmante de leur qualité et dont les médias s'en font périodiquement l'écho. A noter toutefois les indices IPEST (Hayot van der Werf et Zimmer, 1998) et VESPP (de Bruyn, 2004). Par analogie à la forme multiplicative de l'indice DRASTIC de la vulnérabilité intrinsèque des eaux souterraines ou de l'expression des pertes en terre de Wischmeier et Smith (1958), ce dernier auteur propose l'indicateur de Vulnérabilité des Eaux de Surface aux Produits Phytosanitaires défini par :

$$VESPP = I_t \times I_p \times I_T \qquad (4)$$

où I_t, I_p et I_T sont des indices relatifs à la topographie, à la persistance et au transport du produit respectivement. Leurs expressions sont données Tableau 1 ainsi que les sources de données qui ont été utilisées pour la mise en œuvre de l'indicateur sur le bassin hydrographique de la Leysse et son évaluation par comparaison aux résultats fournis par un système de modélisation mécaniste (voir Figure 1 tirée de Bruyn et al., 2006).

$I_t = p[L_d / L]C$	
Paramètres	Sources de données
p : pente moyenne d'un tronçon (%)	Carte IGN au 25 000ème
L : longueur d'un tronçon (m)	id
L_d : distance du tronçon à la rivière (m)	id
C : indice de couverture du sol (-)	Corine Land Cover

$I_p = M \times [T_{1/2} /(31/n+1)]$	
M : indice de mode d'application du produit (-)	[Hayo van der Werf, 1996]
$T_{1/2}$: temps de demi-vie du produit (jour)	[Wauchope et al., 1992]
n : nombre de jours de pluie du mois suivant l'application du produit	Chronique mesurée

$I_T = \left[\frac{K_{oc} \cdot f_{oc}}{100} \cdot PAE + \frac{100}{K_{oc} \cdot f_{oc}} \cdot PAR \right] \cdot n_p \cdot f$	
K_{oc} : coeff. de sorption du produit (l/kg)	[Wauchope et al., 1992]
f_{oc} : fraction de carbone organique (%)	[Wauchope et al., 1992]

n_p : nombre de jours de pluie provoquant un ruissellement, l'année suivant l'application du produit (-)	Chronique mesurée
f : % de la pluie ruisselante annuelle (-)	Chronique mesurée
PAE : indice de pratique anti-érosive (-)	[Patty, 1997]
PAR : indice de pratique anti-ruissellement (-)	[Gril et al., 1999]

Tableau 1 : Expression des indices relatifs à la topographie (It) du bassin versant, à la persistance (Ip) et au transport (IT) d'un produit phytosanitaire et sources de données utilisées pour leur calcul.

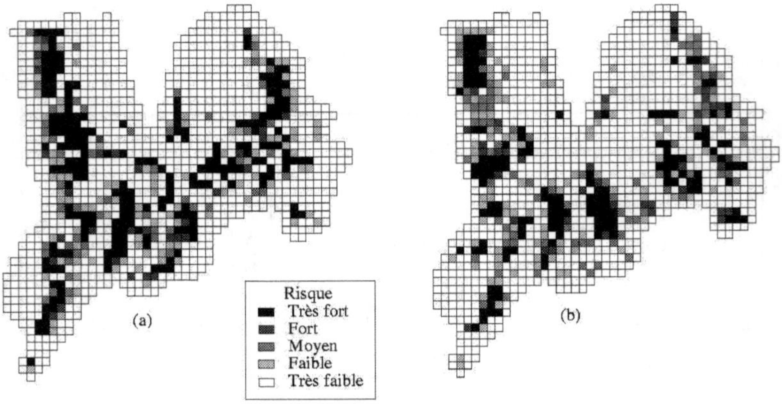

Figure 1 : Comparaison des cartes du risque de contamination potentielle des eaux de surface du bassin versant de la Leysse (300 km2 discrétisés en 1220 mailles de calcul) par l'oxadiazon selon les résultats du modèle MIKE SHE-ADM (a) et de l'indicateur VESPP (b), pour la période mai 1997 - avril 1998. Les valeurs normalisées par les maxima atteints sont reparties en 5 classes définies arbitrairement (voir de Bruyn et al., 2006).

INCERTITUDES ET IMPRECISIONS

Quelle que soit la méthode utilisée pour évaluer la vulnérabilité et le risque de contamination d'une masse d'eau, nous avons vu que leur mise en œuvre est conditionnée par l'obtention d'un certain nombre de variables (e.g. la pression polluante, le flux net de recharge, etc.) et de paramètres (e.g. le temps de demi-vie, la fraction de carbone organique, etc.) qui sont entachées d'incertitudes liées i) à la variabilité du milieu d'étude et des processus mis en jeu et/ou ii) au caractère partiel et incomplet des informations disponibles. Il convient donc d'intégrer ces incertitudes/imprécisions dans l'évaluation du risque afin de le comparer à un risque jugé « acceptable » (voir les normes « nitrates » et « pesticides » dont il est du reste permis de se poser la question de savoir si il n'eût pas été préférable de les considérer comme des indicateurs ?).

Les méthodes classiques d'analyse d'incertitudes telles que l'analyse de sensibilité au 1er ordre ou les approches probabilistes de type Monte Carlo ou bayésien sont soumises à de nombreuses conditions et hypothèses de mise en œuvre (faible non linéarité des variations, connaissance exhaustive des fonctions de densité de probabilité, nombreuses réalisations numériques pour obtenir un résultat d'ensemble répondant aux critères stricts des tests statistiques de représentativité, impossibilité de prendre en compte des informations qualitatives, etc.).

Devant ces limitations et difficultés, la théorie « des possibilités » (Zadeh, 1965 et 1978 ; Dubois et Pradé, 1990 ; Zimmermann, 1991) offre une alternative séduisante pour traiter les situations où l'information est incomplète, imprécise ou vague, ce qui est très souvent le cas dans la pratique environnementale. Rappelons brièvement qu'il s'agit de décrire par une fonction d'appartenance (un nombre flou) le degré de vraisemblance qu'une variable X ou un paramètre prenne telle ou telle valeur plausible. A titre d'exemple, supposons que l'on dispose de quelques mesures du temps de demi-vie d'un produit allant de 7 à 18 jours, sans qu'il soit possible de déterminer sa fonction de distribution à l'échelle du site (nombre insuffisant de données, coût d'acquisition trop élevé, etc.). En revanche, l'expérimentateur ou l'expert estime que des valeurs comprises entre 5 et 20 jours sont possibles, compte tenu du contexte, du produit ou des bases de données disponibles (e.g. Wauchope et al., 1992). Ces informations sont alors représentées par un nombre flou μ compris entre 0 et 1 ayant la forme d'un trapèze (d'autres formes géométriques sont possibles) défini par :

μ=0 pour DT50 < 5 et DT50 > 20 jours (5a)

μ=1 pour 7 < DT50 < 18 jours (5b)

La méthode, qui fait appel aux règles de l'arithmétique floue (voir par exemple Freissinet, 1997 pour le détail et le programme informatique correspondant) conduit à exprimer le résultat par un triplet $(Y, \Delta_\alpha Y, \alpha)$ qui représente respectivement la valeur moyenne Y de la solution du problème, son intervalle de variation $\Delta_\alpha Y$ au niveau de vraisemblance α choisi par l'utilisateur.

En permettant d'évaluer, de façon aisée et rapide (un seul calcul algébrique suffit contrairement aux méthodes probabilistes), la confiance que l'on peut accorder aux résultats d'un modèle de simulation ou aux valeurs des indicateurs environnementaux en fonction de la plus ou moins grande richesse de l'information disponible, on conçoit que cette approche peut constituer une aide dans les processus de prise de décisions et ce, d'autant plus qu'elle peut être introduite dans un système expert (Hayot van der Werf et Zimmer, 1998).

Le lecteur pourra se reporter aux références suivantes (mais certainement non exhaustives) : Richter et al. (1996) ; Freissinet et al. (1998 et 1999) ; Schulz et al. (1999) ; de Bruyn et al. (2001 et 2005) pour des applications de la méthode « possibiliste » aux indicateurs de vulnérabilité aux produits phytosanitaires des masses d'eaux souterraines et superficielles, Lee et al. (1995)

pour les nitrates ou Guyonnet et al. (2003) pour les friches industrielles.

CONCLUSION

De cette présentation très « physico-centrée », il nous semble possible de dégager quelques conclusions et tendances, voire d'avancer quelques suggestions.

La communauté scientifique des Sciences de la Nature concernée par cette problématique dispose d'une pléthore de modèles et d'approches. Un examen montre une grande diversité dans leur degré de complexité et d'applicabilité à l'échelle du milieu dit « naturel ». De nombreux modèles sont développés pour un besoin spécifique, et ne peuvent pas (ou difficilement) être utilisés dans des contextes autres que ceux pour lesquels ils ont été développés.

Prendre en compte la complexité des différents processus et de leurs couplages conduit généralement à introduire de nombreux paramètres (dont la connaissance est souvent incertaine ou imprécise) qui font qu'un modèle mécaniste peut aisément s'ajuster aux données expérimentales sans nécessairement contribuer à une meilleure compréhension des phénomènes, ni servir de guide à de nouvelles recherches et d'indicateur d'actions pratiques à entreprendre.

Une tâche importante et de plus en plus prégnante est l'application des résultats de la recherche dite « académique » aux problèmes concrets de la gestion des ressources en eau et en sol en vue d'une meilleure protection de notre environnement. Trop peu de modèles ou d'approches sont réellement confrontés à des « vérités » terrain. Dans cette optique, trois points au moins devraient mériter toute notre attention :

- l'impérieuse nécessité de développer de nouvelles techniques d'observations et d'analyses, de pérenniser des dispositifs observationnels et de conduire des expérimentations bien conçues en vue de déterminer les paramètres pertinents et d'acquérir les données pour qualifier sur le long terme ces modèles en fonction des finalités poursuivies ;

- l'établissement de critères quantitatifs de « validation » des modèles prenant en compte les incertitudes et qui soient clairement identifiés et universellement reconnus, condition au moins nécessaire à des comparaisons objectives des performances de ceux-ci ;
- alors que le nombre de modèles et de codes numériques ne cesse de croître, il est temps de se poser la question suivante *: la communauté scientifique doit-elle continuer à en développer (en augmentant leur sophistication ? en privilégiant leur généricité ou leur spécificité ?) ou doit-elle mettre l'accent sur les études de terrain ?* La réponse n'est pas anodine dans la mesure où les coûts informatiques ne cessent de décroître et ceux liés aux observations et expérimentations peuvent devenir prohibitifs en raison notamment des ressources humaines de plus en plus contraintes.

En dehors d'un manque de connaissances sur tel ou tel aspect et malgré les progrès réalisés ces dernières années grâce notamment à certaines actions programmatiques pluridisciplinaires, une grande partie des verrous vient de la propension des communautés scientifiques à limiter leur domaine d'investigation et de vision à leur propre discipline d'une part, de la crainte maintes et maintes fois exprimée de l'instrumentalisation d'une discipline par une autre, d'autre part. L'équation 2, pour se restreindre au champ des Sciences de la Nature, permet d'illustrer le propos :

- les physiciens et mécaniciens des fluides négligent très souvent les termes (a), (c), (f) et (g) et ils utilisent des

« traceurs » pour déterminer la dispersion hydrodynamique et identifier la topologie interne du milieu ;

- les chimistes mettent l'accent sur les termes (a), (c) et (f) pour étudier les phénomènes d'échanges, les réactions chimiques. Très souvent, par les essais en réacteur fermés, ils négligent les 4ième et 5ième termes représentatifs du transport ;
- les microbiologistes étudient essentiellement les termes (a) et (f) en relation avec le développement et l'activité des populations microbiennes et leur localisation ;
- les agronomes et les physiologistes des végétaux concentrent une grande partie de leurs efforts au dernier terme en liaison avec la production ou la protection végétale ;
- les hydrologues de surface et les hydrogéologues éprouvent encore des difficultés à réunir en une préoccupation unique les eaux superficielles et souterraines, pourtant indispensable pour une gestion quantitative et qualitative intégrée des ressources.

Les Sciences Humaines et Sociales sont également interpellées par la problématique ici considérée. Comment développer une recherche participative sur la promotion d'une véritable culture de la vulnérabilité de notre environnement et des risques associés dont il faut bien admettre que des efforts importants sont encore à faire dans notre pays ? A cet égard, au paradigme du « 3E » du Développement Durable, ne conviendrait-il pas d'y adjoindre le « E » d'Education ? Comment pratiquement co-construire des objets d'études convoquant les différentes disciplines présentes au sein des deux communautés (elles-mêmes très pluridisciplinaires)? Comment évaluer les résultats ? Les indicateurs d'impacts environnementaux constituent-ils de bons médiateurs disciplinaires entre les Sciences bio-géophysiques, Humaines et

Sociales d'une part, et avec la Société Civile et les décideurs d'autre part ?

Des pistes ont été suggérées au cours de cette Ecole. Puisse celle-ci et beaucoup d'autres contribuer à lever les barrières et surtout à engager des actions concrètes.

RÉFÉRENCES

ALLER L., BENETT T., LEHR J. and R. PETTY (1985) DRASTIC: a standardized system for evaluating groundwater pollution potential using hydrogeological settings. USEPA, Washington DC.

BERNARD H. (2004) Evaluation des risques de transfert d'herbicides dans les sols tropicaux de l'ouest de l'Ile de La Réunion. Doctorat de l'Université de Poitiers.

BERNARD H., CHABALIER P.-F., CHOPART J.-L., LEGUBE B. and M. VAUCLIN (2005) Assessment of herbicide leaching risk in two tropical soils of Reunion Island (France). J. Environ. Qual., 34, 534-543.

CARSEL R. F., SMITH C. W., MULKEY L. A., DEAN J. D. and P. JOWSIE (1984) Pesticide Root Zone Model (PRZM): release 1. EPA-600/3, 84-109. USEPA, Athens, GA.

CIVITA M. (1993) Groundwater vulnerability maps: a review, IXth Symp. on *Pesticide chemistry: mobility and degradation of xenobiotics*. Proceedings, 587-631.

COSTE L. (2001) Sur plusieurs définitions du risque et leurs conséquences en matière de prévision, prédiction et prévention. La Houille Blanche, 2, 16-22.

DAVIS F. M., LEONARD R. A. and W. G. KNISEL (1990) Groundwater Loading Effects of Agricultural Management Systems (GLEAMS), USDA-ARS Southeast Watershed Res. Lab. and Univ. of Georgia, Tifton, GA.

DEAN J. D., HUYAKORN P. S., DONIGIAN A. S., VOOS K. A., SCHANZ R. W. and R.F. CARSEL (1989) Risk of Unsaturated/Saturated Transport and transformation of chemical Concentration (RUSTIC), USEPA doc., Athens, GA.

DE BRUYN B., FREISSINET C. et M. VAUCLIN (2001) Utilisation couplée de l'analyse spatiale et de l'arithmétique floue. In « Gestion spatiale des risques ». Collection Hermes-Lavoisier, chap. II, 47-61.

DE BRUYN B. (2004) Etude de la vulnérabilité des eaux aux produits phytosanitaires:indicateur environnemental et modèle mécaniste en vue d'une meilleure gestion du basin versant de la Leysse (Savoie), Doctorat de l'Univ. Joseph Fourier, Grenoble 1.

DE BRUYN B., FREISSINET C. et M. VAUCLIN (2006) Un indicateur de vulnérabilité potentielle des eaux de surface aux produits phytosanitaires : évaluation sur le bassin versant de la Leysse (Savoie), La Houille Blanche (*sous presse*).

DIAZ R., LOAGUE K. and J. S. NOTARIO (1999) An assessment of agrochemical leaching potentials for Tenerife, J. Contam. Hydrol., 36, 1-30.

DUBOIS D. and H. PRADE (1990) Modeling uncertain and vague knowledge in possibility and evidence theories, Uncertainty in Artificial Intelligence, 303-318.

EWEN J. (1995) Contaminant transport component of the catchment modelling system SHETRAN, In Trudgill (ed.), *Solute Modelling in Catchment Systems*, Wiley, Chichester, UK, 417-441.

FOSTER S. (1987) Fundamental concepts in aquifer vulnerability, pollution risk and protection strategy, RIVM, Proceedings and Information, 38, 69-86.

FREISSINET C. (1997) Estimation des imprécisions dans la modélisation du devenir des produits phytosanitaires dans les sols : une méthode fondée sur la logique floue. Doctorat de l'Université Joseph Fourier, Grenoble 1.

FREISSINET C. ERLICH M. and M. VAUCLIN (1998) A fuzzy logic-based approach to assess imprecisions of soil water contamination modelling, Soil & Tillage Res., 47, 11-17.

FREISSINET C., VAUCLIN M. and M. ERLICH (1999) Comparison of first order analysis and fuzzy set approach for the evaluation of imprecision in a pesticide groundwater pollution screening model, J. Contam. Hydrol., 37, 21-43.

FRERE M. H., ONSTAD C. A. and H. N. HOLTAN (1975) ACTMO an Agricultural Chemical Transport MOdel. USDA-ARS doc., 54 pp.

GAUDET J.-P. et M. VAUCLIN (2005) Rétention et transfert des pollutions des sols par les éléments traces-métaux lourds: mécanismes et modélisation numérique, In *Géomécanique environnementale : sols pollués et déchets*, Collection Hermès-Lavoisier, Chap. III, 81-109.

GIAMBELLUCA T. W., LOAGUE K., GREEN R. E., and M. A. NULLET (1996) Uncertainty in recharge estimation on groundwater vulnerability assessments for the Pearl Harbor Basin, O'ahu, Hawaii (USA), J. Contam. Hydrol., 23, 85-112.

GUSTAFSON D. I. (1991) Groundwater Ubiquity Score: a simple method for assessing pesticide leachability, Environ. Sci. Technol., 8, 339-357.

GUYONNET D., BOURGINE B., DUBOIS D., FARGIER H., COME B. and J.-P. CHILES (2003) Hybrid approach for addressing uncertainty in risk assessment, J. Environ. Eng., 129, 68-78.

HAYO VAN DER WERF M. G. (1996) Assessing the impact of pesticides on the environment, Agricultural, Ecosystems and Environment, 60, 81-96.

HAYO VAN DER WERF M. G. and C. ZIMMER (1998) An indicator of pesticide environmental impact based on a fuzzy expert system, Chemosphere, 36, pp. 2225-2249.

HUTSON J. L. and R. J. WAGENET (1992) LEACHP: a process-based model of water and solute movement in the unsaturated zone, Res. Ser., 92-3, Dep. of Soil, Crop and Atmos. Sci., Cornell Univ., Ithaca, NY.

KNISEL W. G. (1980) CREAMS: a field-scale model for Chemical, Runoff, and Erosion for Agricultural Management System, USDA, Conservation Res. Report 26.

KONICKOW L. F. and J. D. BREDEHOEF (1978) Computer model of two-dimensional solute transport and dispersion in groundwater, USGS Report, Washington DC.

KOOL J. B. and M. Th. VAN GENUCHTEN (1991) HYDRUS one-dimensional variability saturated flow and transport model, including hysteresis and root uptake, USDA-ARS Report, US Salinity Lab., Riverside, CA.

KUTILEK M. and D. R. NIELSEN (1994) Soil Hydrology, Catena Verlag Publ., 370 pp.

LASKOWSKI D. A., GORING C. A. I., Mc CALL P. J. and R. L. SWANN (1982) Terrestrial environment. In R. A. Conway (ed.) *Environmental risk analysis for chemicals*, Van Nostrand Reinhold, New York, 198-240.

LEE Y. W., DAHAB M. F. and I. BOGARDI (1995) Nitrate-risk assessment using fuzzy-set approach, J. Environ. Eng., 121, 245-256.

LI Z. C., YOST R. S. and R. E. GREEN (1998) Incorporating uncertainty in a chemical leaching assessment, J. Contam. Hydrol., 29, 285-299.

LOAGUE K., YOST R. S., GREEN R. E. and T. C. LIANG (1989) Uncertainty in a pesticide leaching assessment for Hawaii, J. Contam. Hydrol., 4, 139-161.

LOAGUE K., GREEN R. E., GIAMBELLUCA T. W., LIANG T.C. and R. S. YOST (1990) Impact of uncertainty in soil, climatic and chemical information in a pesticide leaching assessment, J. Contam. Hydrol., 5, 171-194.

MAHMOOD R. J. and R. C. SIMS (1986) Mobility of organics in land treatment systems, J. Environ. Eng., 112, 236-245.

MEEKS Y. J. and D. DEAN (1990) Evaluation of groundwater vulnerability to pesticides, J. Water Resour. Planning and Management, 116, 693-707.

MITCHELL G., MAY A. and A. Mc DONALD (1995) PICABEU: a methodological framework for the development of indicators of sustainable development, Int. J. Sust. Dev. World Ecology, 2, 104-123.

NOFZIGER D. L. and A. G. HORNSBY (1985) Chemical movement in soils, IBM PC user's guide, Circ. 654, Florida Coop. Ext. Serv. Univ. of Florida, Gainesville, Fla.

OCDE (1998) Toward the sustainable development environmental indicators.

RAO P. S. C., HORNSBY A. G. and R. E. JESSUP (1985) Indices for ranking the potential for pesticide contamination of groundwater, Soil Crop Sci. Soc. Fla. Proc., 44, 1-8.

RICHTER O., DIEKKRÜGER B. and P. NÖRTERSHEUER (1996) Environmental fate modelling of pesticides: from the laboratory to the field scale, VCH Publ. Inc., New York, 248 pp.

RICO A. (1999) Les phytosanitaires : Homologation, La Houille Blanche, ¾, 132-135.

SCHULZ K., HUWE B. and S. PEIFFER (1999) Parameter uncertainty in chemical equilibrium calculating using fuzzy set theory, J. Hydrol., 217, 119-134.

SIMUNEK J. M., SEJNA M. and M. Th. VAN GENUCHTEN (1996) HYDRUS-2D: Simulating water flow and solute transport in two-dimensional variability saturated media, USDA-ARS report, US Salinity Lab., Riverside, CA.

STEENHUIS T. S., HUGUES H. B. F., PACENKA S. and M. GROSS (1984) MOUSE user's manual, Northeast Reg. Agric. Eng. Serv., Cornell Univ., Ithaca, NY.

THIERY D. (1990) Logiciel MARTHE: Modélisation d'Aquifères par maillage Rectangulaire en régime Transitoire pour le calcul Hydrodynamique des Ecoulements, Tech. Doc. R32210, BRGM, Orléans.

VAN DEN BERG F. and J. J. T. I. BOESTEN (1998) Pesticide leaching and accumulation model (PESTLA), Version 3, Description and user's guide, Tech. Doc. 43, DLO-Staring Centrum, Wageningen, the Netherlands.

VAUCLIN M. (1994) Modélisation du transport de solutés dans la zone non saturée : une revue de l'état de l'art, Rev. Sci. de l'Eau, 7, 81-102.

WAUCHOPE R. D., BUTTER T. M., HORNSBY A. G., AUGUSTIJN-BECKERS P. W. M. and J. P. BURT (1992) The SCS/ARS/CES pesticide database for environmental decision making, Rev. Environ. Contam. Toxicol., 123, 1-164.

WISCHMEIER W. H. and D. D. SMITH (1958) Rainfall energy and its relationships to soil loss, Trans. Am. Geophys. Union, 39, 285-291.

ZADEH L. (1965) Fuzzi sets, Information and Control, 8, 338-353.

ZADEH L. (1978) Fuzzy sets as a basis for a theory of possibility, Fuzzy Sets and Systems, 1, 3-28.

ZIMMERMANN H. J. (1991) Fuzzy set theory and its applications, Klüwer Academic Publ., 2nd ed., 399 pp.

ASPECTS INSTITUTIONNELS, SOCIO-ECONOMIQUES, JURIDIQUES ET TECHNIQUES DE LA GESTION DURABLE DE L'EAU EN EUROPE

Bernard BARRAQUÉ

Laboratoire Techniques, Territoires et Sociétés, Univ. Marne La Vallée et Ecole Nationale des Ponts et Chaussées

INTRODUCTION : EAU, SHS, INTERDISCIPLINARITE

Après avoir travaillé presque 15 ans dans le secteur privé, d'abord comme urbaniste, puis comme chercheur *free-lance*, et enfin comme enseignant associé à mi temps (à l'Institut d'Urbanisme de Paris), j'ai eu la chance de ma vie suite à la création de la section interdisciplinaire du CNRS, n°49 ou Architecture Urbanisme et Sociétés : alors que je ne réussissais qu'à être classé 'derrière le dernier poste' en économie, géographie, sciences politiques, là j'ai obtenu en 1988 un poste à la quasi-unanimité, sur un projet d'analyse comparative des politiques de l'eau des pays membres de l'Union Européenne. Sans ce poste, je n'aurais pas pu réaliser le seul ouvrage qui présente de façon systématique les principaux traits des politiques de l'eau de chacun des 15 pays membres de l'UE (*Les politiques de l'eau en Europe*, La Découverte, coll. Recherches, 1995).

Le laboratoire qui m'a accueilli, le LATTS, est un prolongement institutionnalisé de ce qu'avait représenté la 'recherche urbaine' des années 1970. Il a été créé en 1984 en liaison avec la section 49, en association entre l'Université Paris XII Val de Marne (où se trouve l'IUP) et l'Ecole Nationale des Ponts et Chaussées, par Pierre Veltz, socio-économiste et spécialiste de génie industriel et d'économie spatiale, Gabriel Dupuy, urbaniste des réseaux techniques urbains et spécialiste du 'génie urbain', et Henri Coing, sociologue urbain connu, devenu spécialiste des services publics dans les villes du Tiers Monde. L'équipe s'est donné pour tâche de réfléchir aux enjeux économiques, politiques et sociaux liés à la fois à la mondialisation, aux décentralisations intervenant dans notre pays et ailleurs, et aux nouvelles formes de « gouvernance multi niveaux » qui en résultent. Une part importante des travaux a toujours été consacrée à une sociohistoire de l'innovation technique et institutionnelle, et d'ailleurs, le LATTS comprend une équipe d'historiens des techniques et des ingénieurs, à côté des équipes 'sociologie du travail et de l'organisation', 'réseaux, institutions & territoires', et il vient de s'élargir à une équipe plus centrée sur l'innovation dans les sciences et les techniques. Le LATTS ressemble ainsi au Centre de Sociologie de l'Innovation de l'Ecole des Mines, à ceci près que notre labo est devenu l'un des principaux laboratoires en sciences sociales en France, rattaché aux sections 39 (Espaces, territoires et sociétés) et 40 (Politiques, pouvoirs, organisations).

Initialement rentré pour participer aux travaux de l'équipe sur le génie urbain et le génie de l'environnement appliqué aux villes[66], je n'ai pas pu me contenter de conduire mes analyses comparatives et historiques européennes sur les services publics d'eau et d'assainissement (et plus généralement de ce qu'on appelle au Brésil le *saneamento ambiental*, qui inclut la gestion de la pluie et des déchets solides, dans les services publics d'environnement et de santé locaux). J'ai dû élargir le champ à la question du partage des ressources en eau. D'une part, en Europe, quelques pays et notamment l'Angleterre connaissent une rareté relative de l'eau par rapport à la densité de population qui implique une interaction de fait entre les

[66] Je travaillais aussi à l'époque sur les réorganisations des services municipaux et des relations avec les élus liées à l'émergence des politiques d'environnement territoriales.

deux domaines. On ne peut parler de l'un sans l'autre. Ne serait-ce que parce qu'avec la notion de recouvrement des coûts, la protection de la ressource risque de se retrouver en partie dans les factures des services publics. En France, nos fameuses agences de l'eau occupent d'une certaine manière la position d'intermédiation, en assurant à la fois le partage des ressources et le financement mutualisé des collectivités locales chargées de fournir des services publics exigeants en capital d'infrastructures. Mais d'autre part, alors que la construction européenne faisait monter en puissance la politique de l'eau, un grand débat s'est développé au niveau mondial, concernant la raréfaction de l'eau, la privatisation etc. Par un amalgame finalement très peu scientifique, on est arrivé à dire : « l'eau se raréfie, elle va donc faire l'objet d'un marché, et les pauvres n'auront plus accès à l'eau et ils mourront de soif ». Des Canadiens (donc citoyens d'un des pays les plus riches en eau de la planète), ont également dénoncé la marchandisation de 'l'or bleu' et les guerres de l'eau potentielles, pensant que si on commercialisait aux États-Unis de l'eau mise en bouteille chez eux, demain les Américains achèteraient la ressource en profitant de l'ALENA.

Rien n'est plus faux que ce discours fondé sur le double amalgame entre ressources et services d'un côté, entre pays riches et pays en développement de l'autre. Mais par ailleurs, dès le début des années 1990, nos travaux montraient que l'optimisme dont faisaient preuve les organisations internationales, les financeurs, les économistes néo-libéraux et les multinationales des services envers la privatisation des services et des marchés de l'eau était tout à fait exagéré. A en juger par ce qui s'est passé depuis le forum mondial de l'eau de Kyoto, l'histoire ne nous a pas donné tort, et comme le dit Henri Coing après la fin du contrat de Suez à Buenos Aires, c'est maintenant qu'il faut observer ce qui va se passer : la privatisation était un échec prévisible depuis longtemps, mais la gestion publique antérieure était déficiente, alors va-t-on simplement y retourner ? Nos travaux montrent qu'il serait bien nécessaire de revenir sur la longue expérience européenne pour inventer de nouveaux modèles appropriés à la situation des pays en développement, situation que nous avons en partie connue dans un passé pas si lointain.

En tout cas, une partie de notre temps est désormais consacré à « déballonner des baudruches » du discours démagogique et dramatisant des media[67], qui s'appuie malheureusement sur les travaux de nos collègues hydrologues ou ingénieurs spécialistes de l'eau. Par exemple, pourquoi dit-on qu'en dessous de 1500 m3/hab./an, on serait en situation de stress hydrique, et on pourrait aller vers des guerres de l'eau ? Pourquoi dit-on que les ressources en eau diminuent, voire disparaissent ?

Logique d'offre, grande peur et amalgames

Ce sont les hydrologues qui ont systématisé l'étude de l'eau disponible par habitant. De la quantité de pluie qui tombe dans un pays, on ôte ce qui s'évapore naturellement par les plantes, par la nature, et on ajoute ce qui rentre des pays amont. Puis on divise par la population et on obtient un chiffre. S'il est supérieur à 10 000 m3 par habitant et par an, il n'y a globalement aucun problème. Si ce chiffre descend en dessous de 1 500 m3, on va vers la situation de stress hydrique. En dessous de 1 000 m3, la situation deviendrait tendue et des

[67] Un excellent cas est fourni par le livre de Marc Laimé, un journaliste qui se qualifie lui-même de sociologue, et qui a connu un succès de librairie avec un livre opportunément paru au moment du sommet de Kyoto, réunissant tous les lieux communs dénonciatoires sur la gestion de l'eau dans le monde et surtout en France. Succès prolongé par un statut de conseiller scientifique de certaines institutions proches du PCF. Voir Le dossier de l'eau, pénurie, pollution, corruption, Le Seuil, 2003, et ma note de lecture dans la revue La Recherche, Sept. 2004. Ceci étant dit, cet auteur sera sans doute plus capable de réfléchir que Ricardo Petrella ... Mais je trouve que trop de collègues acceptent d'emblée ce genre d'idées au lieu de se documenter plus sérieusement.

conflits pour l'eau en tant que ressource apparaîtraient. Cet indicateur est utile comme première approche, mais il est grossier, car il ne tient pas compte des usages de l'eau, ni des rapports réels entre pays amont et aval. Ainsi, si on applique ces raisonnements en Europe, on découvre que le pays le plus pauvre en eau, ce n'est absolument pas l'Espagne, mais … la Belgique, où on ne pratique guère l'irrigation … De même, si on inclut l'eau qui rentre des pays amont, on fait une hypothèse implicite que ceux-ci ne vont pas utiliser l'eau de façon consommatoire, ce qui est évidemment faux. A tout le moins, si on compte ces volumes amont, il faut symétriquement décompter les volumes partant vers l'aval, sans quoi le pays considéré aurait tous les droits ! On est bien ici dans une nécessité de pondérer les indicateurs hydrologiques 'naturels' et enfermés dans une logique d'offre, par une réflexion sur le droit international des cours d'eaux transfrontaliers qui traite de la question du partage entre diverses demandes. Mais au lieu de s'intéresser aux travaux ayant abouti à la Convention d'Helsinki, puis à celle des Nations Unies de New York (1997), ingénieurs et journalistes ont plutôt " réifié " l'usage de l'eau, en l'uniformisant dans une consommation standard par tête. On en arrive à cette situation où insidieusement, on se laisse convaincre que s'il n'y a pas assez d'eau, il faut en amener, pour des raisons de justice planétaire ! Rien qu'en Europe, on a eu un bel exemple avec le projet de transfert de l'eau du Rhône à Barcelone, envisagé alors que la demande en eau et future de la métropole catalane ne le justifie aucunement … surtout sur le plan économique[68].

Or, pour boire, il faut 1 m3 par an (soit environ 3 litres par jour). Un européen, pour vivre correctement, chez lui, a besoin de 50 m3 par an. Avec ce volume, il fait marcher sa machine à

[68] Barraqué B. (2000) Les demandes en eau en Catalogne, perspective européenne sur le projet d'aqueduc Rhône - Barcelone, Revue de l'Économie Méridionale, numéro spécial *Multi-usages et Gestion de l'Eau en Méditerranée*, Vol. 48 n°191, 357-370.

laver, sa chasse d'eau, sa douche et sa baignoire, son évier de cuisine, etc. Il en faut davantage à un Américain parce que tout est plus grand aux États-Unis. Notons au passage que celui-ci paye l'eau beaucoup moins cher mais qu'il en consomme beaucoup plus : 150 à 250 m3 par an, ce qui fait que le poids de l'eau potable dans le coût de la vie est à peu près le même que chez nous. Les Américains ont donc la possibilité de faire d'énormes économies d'eau avant de continuer à aller chercher de l'eau toujours plus loin. Et ils commencent à s'en rendre bien compte en Californie notamment. C'est pourquoi les méga projets de transferts depuis le Canada ne verront pas le jour dans un avenir proche : trop chers, et surtout beaucoup plus chers que le dessalement de l'eau de mer.

Jusque-là, donc, on est très loin des 1 000 m3/hab./an. Pourquoi les hydrologues, y compris français, ont-ils fixé ce seuil d'alerte ? Traditionnellement, la communauté de politique de l'eau qui comprend des hydrologues et des ingénieurs, n'a pas l'habitude d'étudier la demande, donc calcule une quantité d'eau moyenne par habitant. Le problème est que l'essentiel de l'eau nécessaire à la vie d'un être humain est l'eau qu'il faut pour faire pousser les plantes et alimenter les animaux qu'il va consommer. Plus il mange de viande et plus il faut d'eau pour faire pousser des plantes qui seront mangées par ses futures protéines animales (de l'ordre de 7 fois plus). Au Moyen Age, un paysan français mangeait essentiellement du blé. Il consommait des légumes s'il arrivait à en faire pousser sans apport important d'eau. Pour faire pousser une tonne de blé qui correspond à l'alimentation d'une personne à peu près par an, il faut de l'ordre de 1 000 m3 d'eau. En France et dans les pays tempérés, pas de problème, ils étaient et sont apportés par la pluie. Le blé pousse tout seul. En revanche, si on veut faire pousser du blé en Arabie Saoudite, il faut apporter les 1 000 m3. Mais on ne va pas le faire. Le raisonnement est à la portée d'un enfant : vaut-il mieux apporter à un Saoudien 1 tonne de blé ou 1 000 tonnes d'eau ?

Ce raisonnement simple a été développé notamment par Tony Allan, spécialiste du Moyen-Orient à la *School of Oriental and African Studies* de Londres (Allan, 2002[69]). Il a développé ce concept dit de " l'eau virtuelle " ou de " l'eau du sol ". Puisque l'essentiel de l'eau dont nous avons besoin est incorporée dans la nourriture que nous mangeons, la question mondiale est bien celle de la répartition équitable de la nourriture, pas celle de la répartition de l'eau. Il donne l'exemple de la Jordanie où, quand on fait ce calcul de l'eau virtuelle, 90 % de l'eau qui circule dans ce pays est donc importée sous forme d'aliments, alors que la Jordanie, la Syrie et Israël se disputent pour des quantités d'eau qui ne représentent que 10 % de leurs besoins totaux en eau. Plus incroyable est que les Israéliens transfèrent l'eau du Jourdain jusqu'au Néguev, pour y faire pousser des pamplemousses qu'ils vendent dans des pays tempérés.

Plus près de nous voyons la quantité d'eau disponible au Maroc : 900 m3, c'est une situation de stress hydrique. En réalité, le problème est que la société marocaine est inégalitaire. De très grands propriétaires fonciers arrivent à capter les ressources financières qui permettent de transférer l'eau des montagnes de l'Atlas vers les plaines où ils la captent pour irriguer des cultures qui sont ensuite exportées en Europe. Nous sommes complices passifs du pillage de l'eau du Maroc, puisque nous achetons des oranges et des tomates qui ont poussé dans ce pays. Si l'on raisonne de manière non pas morale mais économique, peut-être est-il intéressant pour les Marocains, en tant que nation, de faire pousser des oranges et de les vendre parce qu'ils les vendent beaucoup plus cher qu'ils ne vendraient du blé, et donc d'acheter du blé à la place. Il n'empêche que la certitude des années 1950 de pouvoir libérer la planète de la faim par l'irrigation et par les grands programmes d'hydraulique agricole, est maintenant battue en brèche, non seulement pour des questions d'impact sur

---

[69] Allan T. (2002) The Middle East Water Question, Hydropolitics and the Global Economy, I. B. Tauris, London.

l'environnement au plan qualitatif, mais aussi pour des problèmes de quantité et d'inégalité de répartition. On fait des barrages mais les villages qui sont à côté n'ont pas accès à l'eau qui est dedans. On ne pense pas à les raccorder, alors que ce serait très simple. Pourtant, depuis l'aube de l'humanité, l'étanchement de la soif des hommes .et des bêtes, y compris pour ceux qui sont de passage, les nomades, a la priorité sur tous les autres usages sans discuter, dans toutes les cultures du monde. On risque de se retrouver, au début du 21ème siècle, avec des formes techniques de maîtrise de l'eau qui rendent cette priorité impossible de fait. Et cela, au nom d'une valorisation économique de l'eau fondée au départ sur une vaste supercherie : les États investissent à fonds perdus dans de grands projets hydrauliques, et ensuite on fait de l'économie sur les coûts marginaux de fonctionnement ... Mais, la coopération avec d'autres collègues européens a permis de découvrir que ça ne se passe pas tout à fait comme ça sur notre continent.

RECHERCHES EUROPEENNES

Bien qu'ayant reçu des financements du Programme Environnement du CNRS[70], puis participé longtemps au comité Environnement, Société et Développement à Long Terme du PEVS, j'ai pu travailler davantage sur mon projet européen grâce à deux financements de la DG Recherches, obtenus dans les années 1990. Cela a permis de constituer un réseau de chercheurs interdisciplinaire et européen. Le réseau *Eurowater* réunit aujourd'hui des chercheurs, des enseignants et des experts indépendants de la plupart des pays de l'Europe des 15, ainsi que de certains pays d'Europe centrale et orientale, dans le but de conduire un ensemble de comparaisons

[70] Pour une recherche sur l'histoire comparée du rapport entre normes et choix techniques dans les domaines de l'eau et des déchets en France et aux États-Unis ; puis pour une analyse de l'émergence du génie de l'environnement comme nouvelle discipline.

institutionnelles, historiques et socio-économiques sur les politiques de l'eau, à différents niveaux territoriaux. Ce cadre de discussion a permis de construire une hypothèse : d'un côté la complexification des formules de gestion des services, c'est-à-dire les nombreuses formules de partenariats public - privé, et l'émergence de la " gestion par la demande ", et d'un autre côté l'adoption de la notion de " gestion intégrée et participative " pour le partage des ressources, conduisent à une certaine prise de distance avec ce qui a structuré les politiques de l'eau pendant un siècle et demi, l'opposition entre "public" et "privé". Cette simplification, cette dichotomie paraît remise en question par l'approche en termes d'environnement et de durabilité, au moins dans les faits, dans les domaines de la gestion de la ressource comme de celle des services publics d'eau et d'assainissement.

Au départ cependant, le partenariat financé par la Commission européenne ne comprenait que 4 équipes, pour 4 pays (FR, NL, UK, PT), et c'est moi qui ai obtenu l'élargissement de fait à l'Allemagne[71], à l'époque le plus grand pays européen et le seul État fédéral. Nous avons fait un travail considérable de description comparée[72], et c'est seulement dans le deuxième contrat, *Water 21*, que nous avons abordé des problématiques plus fondamentales sur l'analyse de la durabilité de la gestion de la ressource et des services publics, ainsi que de la notion de subsidiarité appliquée au domaine de l'eau.

Il faut dire ici qu'il n'y a pas eu de troisième contrat directement, car à ce moment, la DG Recherches ne voulait plus guère financer des partenariats SHS dans le programme

[71] En invitant d'abord un jeune chercheur allemand sur les crédits alloués au LATTS, puis en convainquant le LAWA (groupe de travail interLänder sur l'eau) de financer l'équipe allemande symétriquement.

[72] Cf. Correia F. N. (ed.) (1998) Eurowater, Institutions for/ Selected Issues in/ Water Resources management in Europe, Balkema.

Environnement et Climat, et a choisi de financer des partenariats de plus en plus gros, plus centrés sur les sciences appliquées à l'aide à la décision. Pour nous ce fut une catastrophe. Au moment où les responsables de cette direction montraient notre partenariat en exemple pour l'aboutissement de ses travaux, les projets suivants se retrouvaient éliminés d'emblée par la nouvelle procédure de sélection, fondée sur l'expertise à l'aveugle. Or, nous avions deux 'suites', l'une sur les services publics, et l'autre sur les ressources. Celui sur les services visait à comprendre pourquoi la consommation d'eau potable baissait en Europe, ce qui pose en fait des problèmes de durabilité de gestion complexes. Ce projet était porté par des équipes de 7 ou 8 pays avec de très nombreux *end-users* (Agence de l'eau SN, Eau de Paris, Association des distributeurs d'eau Néerlandais, Federgasacqua, Agbar …). A-t-il été écarté parce que nous avancions que l'augmentation des prix des services à elle seule n'expliquait pas cette baisse, et qu'il fallait faire des enquêtes plus en profondeur ?

L'autre projet proposé concernait les pratiques bonnes ou médiocres de participation des acteurs de l'eau à la gestion intégrée. Il n'a pas été financé directement, mais plus tard, une fois intégré dans un plus gros partenariat, Harmonicop, où nous nous retrouvions avec des spécialistes de la modélisation systémique des jeux d'acteurs, et chargés collectivement de mettre au point un outil d'aide à la mise en œuvre de l'article 14 de la Directive cadre par les institutions chargées des districts hydrographiques. Nous y avons participé, mais avec une certaine frustration, car avec le sentiment que l'on dépensait beaucoup d'argent pour faire faire à des chercheurs un travail de consultants. J'ai également participé comme conseiller à un autre outil d'aide à la décision, dans le projet *WaterStrategyMan*, consacré à l'introduction de la gestion par la demande chez les autorités chargées de l'eau en zone méditerranéenne et semi-aride (Chypre, Grèce, Italie, Espagne, Portugal, Israël). Le projet était accepté 'sous réserve que l'équipe se renforce en économie' (ce qui constitue une curieuse forme de sélection par appel d'offres), et on m'a donné si peu de temps que j'ai fait héberger le financement français à l'Office International de l'Eau.

Ces expériences m'ont donné à penser qu'au moins en France, on pouvait faire du travail plus en profondeur grâce au CNRS. Mais c'est aussi dans cette période que l'on a mis fin au PEVS avec son volet Sciences sociales, et qu'on m'a demandé, comme à bien d'autres, de préparer un programme sur la ville. Ce que nous avons fait avec une cinquantaine de personnes sous la houlette de Michel Lussault et de Marie Flore Mattei. Nous avons mis plusieurs mois pour rédiger un programme ... pour apprendre à la fin que le ministère de la Recherche n'avait pas besoin de notre projet, qu'il avait confié le sujet à Francis Godard. Ce sont ces circonstances précises qui m'ont amené à prendre là aussi des distances, car il faut bien comprendre que, pendant toute cette période, j'ai été sollicité pour participer à toutes sortes de comités scientifiques intéressants, où on est traité avec davantage d'égards. Je mentionne en particulier les comités scientifiques du ministère de l'environnement / de l'écologie, qui ont l'avantage de fonctionner séparément de, mais en articulation avec, des comités de pilotage où sont représentés les financeurs. Les projets soumis sont expertisés par deux membres, puis ils sont discutés collectivement par le comité, si bien que les choix faits sont bien mieux assumés, et en définitive les recherches faites sont mieux suivies et évaluées. On peut dès lors mieux comprendre la prudence dont je fais preuve vis-à-vis de l'expérience de l'ANR. N'ayant aucune objection vis-à-vis de la création d'un organisme transversal de financement de la recherche, je m'inquiète cependant d'une dérive possible par imitation de ce qui se passe au niveau européen : évaluation à l'aveugle de projets de recherche par des experts qui ne sont pas conviés à défendre leur évaluation en comité (et qui sont donc irresponsables), interdisciplinarité pas nécessairement contrôlée, et tentation de l'utilité immédiate et de « l'aide à la décision ». Ayant été coopté en Octobre pour présider le comité scientifique du colloque

« eau et territoires » tenu à l'ENS – LSH à Lyon par les grands organismes, je ne cache pas mon envie de voir l'ANR créer un comité scientifique et (au moins) un appel d'offre spécifique sur ce thème, ce qui ne semble pas évident pour le moment. En attendant, revenons aux acquis des travaux d'*Eurowater*, réseau qui s'est élargi pour devenir un comité de scientifiques pour une nouvelle culture de l'eau (déclaration de Madrid du 18 Février 2005), en se rapprochant d'un comité ibérique[73] et des géographes environnementalistes d'Oxford.

GESTION INTEGREE DES RESSOURCES EN EAU

On est frappé par la survivance de fait, dans tous les pays européens, d'une troisième catégorie en décalage avec ce que le Code civil sépare en deux en termes d'appropriation, la propriété privée et le domaine public[74] (c'est ce que les anglo-saxons nomment *common property*, et dont l'expression la plus représentative est les *commons*, en français les *communaux*, au Portugal les *Baldios*). Leur régime de gestion est dérogatoire à la fois du régime de la propriété individuelle, et du régime de domanialité publique, et il se définit en termes d'usages (coutumiers et communautaires). Le terme plus général de *common property*, en français le "patrimoine commun", comprend aussi des biens dont l'usage se partage à une autre échelle que la commune, notamment les ressources en eau. Cependant, les juristes comme les économistes discutent cette notion, parce qu'elle échappe au droit positif, mais aussi à l'économie de

[73] Arrojo P. (1999) El Agua a debate desde la Universidad, Hacia una nueva cultura del agua, Bakeaz- Universidad de Zaragoza, Gobierno de Aragon.

[74] Barraqué B. (2001) De l'appropriation à l'usage, l'eau patrimoine commun, *in* Cornu M., Fromageau J. (Eds) *Genèse du Droit de l'Environnement*, tome II, droit des pollutions et des nuisances, L'Harmattan.

marché classique ou néo-classique. D'ailleurs, la gestion communautaire a été remise en cause dès l'apparition des États Nations par les grandes monarchies, au nom de l'inéquité qui caractérisait souvent les règles de partage en régime féodal. En France, le 19ème siècle est le cadre d'une tentative de faire rentrer toute l'eau dans le domaine public ou la propriété privée, mais finalement on a dû accepter que les petits cours d'eaux soient la chose commune de leurs riverains (loi de 1898).

Après la deuxième Guerre mondiale, et parfois dès la réaction à la grande crise de 1929, s'est développée la grande hydraulique étatique. C'est particulièrement le cas aux États-Unis bien sûr, et dans les pays méditerranéens, notamment à cause des régimes politiques dictatoriaux. Mais c'est aussi après l'inondation catastrophique de 1953 que les Pays Bas ont fait intervenir l'État central directement dans la lutte contre les inondations (Plan Delta).

Pourtant, la multiplication des usages de l'eau a fini par poser de graves problèmes en quantité, et surtout en qualité, aux ressources. Mais, faute d'arriver à modéliser suffisamment finement les écosystèmes fluviaux, il est difficile d'imputer leurs dégradations à telle ou telle catégorie d'acteurs, et on est contraint de les réunir pour leur demander de se partager cette ressource d'une manière moins nocive pour l'environnement. C'est avec la montée des mouvements environnementaux, et notamment aux États-Unis, que ces approches sont revenues en force (voir les travaux d' E. Ostrom, à la suite de ceux des économistes comme Ronald Coase, John Commons, et S. Ciriacy Wantrup). D'autant plus que de nombreux pays inversent la tendance des années 1930 à 1960, et se tournent vers la décentralisation. C'est alors qu'on a redécouvert les principes de gestion communautaire et solidaire, notamment entre usagers de mêmes bassins versants, tels qu'ils existaient depuis plus ou moins longtemps (*Wateringues* hollandaises, *Genossenschaften* de la Ruhr, tribunaux de l'eau de Suède de Finlande, d'Espagne, etc.). Et en définitive, aujourd'hui, on tend à considérer que même si des eaux sont appropriées privativement ou publiquement, cette possibilité d'appropriation ne détermine pas l'usage : ce n'est pas parce qu'on possède l'eau qu'on a le droit de l'utiliser librement. L'usage est alors soumis à des règles de partage définies par les communautés d'usagers, souvent locales, ou par l'État (systèmes de permis). Certes, il subsiste des différences entre pays : d'abord il y a ceux dont le droit remonte plutôt aux coutumes germaniques ; on y trouve d'un côté les tenants de la subsidiarité (Allemagne, Pays Bas, Suisse, Pays nordiques), où les institutions de bassin ne sont pas généralisées, et où on préfère organiser une gestion par projet et inter-gouvernementale ; et de l'autre l'Angleterre, pays de centralisation historique, où l'on a fait de la gestion par bassin un modèle général (*Regional Water Authorities* de 1974). Les pays latins ont un droit qui remonte majoritairement au droit romain, avec trois catégories d'eau (publiques, privées, et communes) ; eh bien, pareillement, à l'étatisme historique de la gestion espagnole, avec la généralisation des confédérations hydrographiques bureaucratisées et de la grande hydraulique par bassin, s'opposent les démarches plus souples du Portugal et de l'Italie, où les institutions de bassins ne sont pas généralisées. La tradition jacobine française aurait dû se traduire par la généralisation d'autorités de bassin par proximité avec les modèles anglais et surtout espagnol, mais les agences de l'eau ont été créées dans un esprit de décentralisation et de régionalisation, qui en font pratiquement les seules institutions de type subsidiaire dans un pays où cette notion n'est pas vraiment compatible avec les principes unitaires de la Constitution[75]. Ce sont d'ailleurs des collègues allemands qui

[75] Cependant, en conformité avec la tradition administrative française, les agences n'ont ni pouvoir de police, ni maîtrise d'ouvrage : elles ne punissent pas, elles ne construisent rien par elles-mêmes. Elles ne peuvent qu'inciter les usagers de l'eau, regroupés dans les comités de bassin, à se taxer eux-mêmes de redevances pour pouvoir obtenir des aides pour améliorer leurs performances environnementales. On dit qu'elles appliquent le principe pollueur - payeur, à

m'ont aidé à comprendre en quoi les agences de l'eau sont des organismes subsidiaires, et donc pourquoi, symétriquement, elles sont critiquables selon notre jacobinisme fiscal ([76]).

En fait, dans tous les pays d'Europe, l'appropriation privée des eaux recule, et la gestion combine partout, à des degrés divers, l'intervention de l'État (autorisations, permis, planification), et la démarche *bottom-up* des comités d'usagers à diverses échelles territoriales. Et, même quand la loi semble domanialiser l'eau et la confier toute à l'État, ce dernier est plutôt le garant du partage que le maître de la ressource ; il paraît essentiel de réunir des comités d'usagers dans d'utiles processus d'apprentissage collectifs pour réduire ce que les économistes appellent les "coûts de transaction", et pour flexibiliser les droits sur l'eau sans recourir aux marchés formels tels qu'on les a mis en place au Chili : contrats de rivières, *catchment planning, comunidades de usuarios* pour les aquifères surexploités, offrent maints exemples de réussite. Jusqu'aux rivières internationales où les Européens semblent accepter une

---

cause du système des redevances. En réalité, les économistes ont découvert que le niveau des redevances était beaucoup trop faible pour que ce principe s'applique. En fait, les agences de l'eau fonctionnent dans un principe de solidarité et de mutualité assez semblable à ce qu'on rencontre dans les pays où les traditions subsidiaires sont plus fortes. En 1992, la nouvelle loi a tiré avantage de la prise de conscience permise par 25 ans de fonctionnement des agences : elle a placé toutes les eaux, même les eaux souterraines, dans le "patrimoine commun" de la Nation ; ce choix poursuit la lente remise en cause de la centralisation historique, et la volonté de laisser les acteurs locaux faire leur gestion raisonnable, avec les fameux SAGE. L'État laisse les agences de l'eau assurer la mise en cohérence des plans de bassin locaux, avec les SDAGE. Mais d'un autre côté, il réunit toutes les réglementations de l'eau dans un décret unique, et tente de coordonner les services chargés de cette police sur le terrain.

[76] Cf. Barraqué B. (1998) dans Alain Faure éd. *Territoires et Subsidiarités* , L'Harmattan. J'y évoque l'article 34 de la constitution, qui prévoit le contrôle annuel de l'argent public par le Parlement ; mais les redevances des agences sont-elles pour service rendu (droit civil, régime commercial), ou des impositions de toutes natures (droit public, régime administratif), ou encore autre chose, comme le *sui generis* du Conseil d'État ? Pourquoi ne pas avoir mis dans la charte constitutionnelle sur l'environnement une disposition créant des redevances de patrimoine commun correspondant à la nature juridique tierce de ce patrimoine ?

remise en cause de leur souveraineté au profit de la notion d'usage raisonnable et équitable du droit coutumier international. Ce faisant, ils offrent un point d'appui concret à la Convention internationale des Nations Unies de 1997, relative au partage raisonnable et équitable des eaux internationales à des fins autres que la navigation[77]. C'est pourquoi d'ailleurs il y a peu de chances que les solutions prônées par l'économie néo-classique s'imposent : les asymétries d'information et la complexité juridique rendent difficile l'application directe et complète des principes comme le " pollueur - payeur " ou le développement de marchés de l'eau[78]. Même les grandes entreprises de services et de travaux publics semblent hostiles à une libéralisation des ressources en eau, et elles recherchent des partenariats public - privé pour obtenir l'argent " pas cher " indispensable pour rendre les services sanitaires acceptables aux populations modestes du tiers Monde.

DEVELOPPEMENT DES SERVICES PUBLICS D'EAU ET D'ASSAINISSEMENT

Il est en général plus ancien que celui des institutions de gestion de la ressource. A partir du milieu du XIXème siècle, ce sont les villes, puis des syndicats de communes rurales, qui ont généralement repris en charge et développé des réseaux créés par des concessionnaires privés (premier cas à Paris en 1781,

---

[77] Vlachos E. and F. N. Correia (Eds) (2000) Shared water systems and transboundary issues, with special emphasis on the Iberian peninsula, proceedings of the international conference of Lisbon, March 11-12, 1999, Luso-American Development Foundation (FLAD).

[78] Barraqué B. (janvier 2004) Les marchés de l'eau en Californie : modèle pour le monde ou spécificité de l'ouest aride américain ? Deuxième partie : marchés de l'eau ou économies d'eau ? in Responsabilité et Environnement, Annales de Mines, n°33, Eska, 60-68.

les pompes des frères Périer), ou bien par des associations de citoyens. Certes, dans le cadre des États libéraux, l'opposition public/privé a joué un rôle structurant, en particulier en France et au Royaume Uni. Le libéralisme a permis le développement initial des réseaux, mais avec des services payants, et il a fallu la légitimité des collectivités locales pour contrer les effets sanitaires désastreux de la sélection par l'argent résultant de la concession pure. C'est surtout en introduisant de l'argent public venant de taxes et de subventions que les villes ont pu généraliser les services, sans faire payer trop cher les abonnés, tout en faisant des économies d'échelle. Tous les services urbains auront été marqués durablement par le municipalisme, une sorte de *welfare state* avant la lettre, et ils ont constitué en Europe continentale un champ important d'expression de la subsidiarité, c'est à dire d'une part du partage des tâches de gestion entre pouvoirs central, locaux, et intermédiaires, et d'autre part, de la dimension communautaire et solidaire des rapports fondés sur l'appartenance au même territoire. C'est une fois que l'infrastructure a été constituée, et les services généralisés, qu'on s'est posé la question de leur amortissement, et de leur renouvellement. Ce que la comptabilité publique ignorait, les formes de gestion privées le permettaient. Cela s'est traduit par la montée de l'économie mixte dans la gestion des infrastructures, et non moins important, par l'inclusion plus fréquente de l'assainissement des eaux usées dans les factures d'eau. Mais aujourd'hui encore, la régie reste la formule majoritaire surtout pour les petites unités de gestion. Même en France, où les limitations imposées à l'autonomie financière locale ont correspondu à l'émergence des grands groupes privés, il reste quelques grands services d'eau en régie, et de très nombreux petits. On ignore trop souvent que la régie modernisée fait partie du 'modèle français'.

Sur le plan technique, l'invention du traitement de l'eau et l'incorporation du génie chimique dans l'industrie de l'eau a permis aux villes de s'affranchir de la dépendance de ressources en eau pures et abondantes, mais de plus en plus lointaines, qui valorisait le génie civil et les grands travaux hydrauliques, et en fait les États disposant de la souveraineté sur cette eau. Ce passage d'une problématique de quantité à une problématique de qualité ne s'est pas fait partout au même rythme, notamment dans les pays méditerranéens et dans les pays grands comme des continents comme les États-Unis et l'Union Soviétique : les nouveaux grands états modernes, et notamment les dictatures, ont en effet imposé l'investissement à fonds perdus dans une grande hydraulique supposée générer le développement. Mais aujourd'hui, ce développement par l'agriculture irriguée est de plus en plus discuté pour son inefficacité économique et ses conséquences environnementales, et conduit à valoriser *a contrario* des approches intégrées et subsidiaires, plus locales.

Il est cependant indéniable que le municipalisme européen est aussi rentré en crise, notamment parce que sa fixation sur la généralisation du service de l'eau à tous, ainsi que les contraintes de la comptabilité publique relatives à l'amortissement et aux provisions, ont entraîné une négligence du problème du renouvellement à long terme des infrastructures, et des effets explosifs dus à l'insouciance des usagers divers. Aujourd'hui, le renouvellement des infrastructures et la protection de l'environnement se combinent de manière inquiétante dans leur impact sur les factures d'eau, et nous font nous demander si les Européens ont les moyens de s'offrir durablement leurs services publics ! Au moment où la Commission européenne encourage à la tarification " au coût complet " dans la Directive cadre sur l'eau, nous avons cherché à évaluer la durabilité des services en confrontant le potentiel de durabilité des politiques de l'eau à trois critères, que nous appelons les 3 E, économie, environnement, éthique :

- les modes de financement actuels, et en particulier les factures d'eau lorsqu'il y en a, permettent-ils de maintenir le patrimoine technique en bon état, une fois l'équipement initial réalisé ? Cette formulation nous paraît plus précise que la notion de tarification au coût complet (*full cost pricing*) ;

- quels investissements supplémentaires faut-il consentir pour améliorer les performances environnementales et de santé publique des services ? Les directives nombreuses sur l'eau potable, l'assainissement et l'épuration, et désormais le milieu aquatique, viennent s'ajouter aux politiques nationales plus anciennes ou plus spécifiques, et se traduisent par des investissements importants ;
- si tous ces investissements et ces coûts de fonctionnement accrus se répercutent sur les factures d'eau ou les *rates*, les usagers peuvent-ils encore payer, et l'accepteront-ils ? Quelle va être l'attitude des élus, soumis qu'ils sont à la pression des médias ? Question cruciale avec la contestation actuelle croissante du prix de l'eau, notamment en Angleterre et en France.

Ces trois grands axes de la *tenabilité* à long terme ne sont pas forcément compatibles entre eux, ce qui rend la compréhension de la politique des services publics très difficile pour le public. Or, une caractéristique majeure des politiques environnementales, c'est le paradoxe d'un besoin accru de maîtrise de l'avenir lointain en contexte incertain et en situation de causalités " systémiques ", qui appelle une spécialisation et un resserrement de l'expertise, alors même que le public réclame de la transparence, de la participation plus directe, et des évaluations immédiates. Il est par exemple très difficile de comprendre la nécessité pratique de péréquations de toutes sortes lorsque des investissements très lourds, mais à périodicité lente, sont en jeu. Les pays européens se sont d'ailleurs adaptés à cette problématique de façon contrastée : les uns jouent plutôt sur la concentration spatiale des services, voire sur leur centralisation (Pays-Bas, Angleterre) ; d'autres jouent la *transversalisation* (*Stadtwerk* allemand) ; on peut aussi faire des péréquations dans le temps, avec des provisions, des mutuelles, des banques de l'eau, etc. Les agences de l'eau françaises sont typiques de cette approche, dans un pays où l'émiettement des réseaux est très important ; enfin, nombre d'entre eux maintiennent des formes variées de péréquations sociales. Mais le maître mot des politiques nouvelles est la gestion de la demande, avec la lutte contre les fuites, les économies d'eau, et le recours à des techniques " non conventionnelles " comme le dessalement de l'eau de mer, qui permettent de repousser des investissements hydrauliques coûteux et trop irréversibles. Ces nouvelles approches vont à l'encontre de l'insouciance résultant du municipalisme, et donc exigent la participation des usagers, et la mise en transparence des budgets. Il faut reconnaître que nous ne savons pas grand-chose des usages de l'eau du robinet[79], et que les politiques de maîtrise de la demande par les prix peuvent avoir des effets pervers. C'est pourquoi d'ailleurs les nouvelles approches scientifiques en termes de génie de l'environnement (ou de génie urbain) doivent faire une place notable aux sciences de l'homme et de la société. Elles sont indispensables pour mesurer la durabilité des services publics d'eau et d'assainissement, comme nous essayons de le faire dans une nébuleuse de laboratoires de socio-économie situés en marge d'écoles d'ingénieurs.

Sur le plan technique, ce passage d'une logique d'offre quantitative puis qualitative, à une gestion par la demande, implique aussi de recourir à une maîtrise de l'usage des sols (périmètres de captage, zones inondables), qui à son tour pousse les collectivités locales et les services publics à des démarches contractuelles avec d'autres usagers de l'eau, notamment les agriculteurs : leur racheter des quantités ou des qualités d'eau. Ici la gestion des services publics interagit avec la question du partage de la ressource.

---

[79] Barraqué B. (2005) Sociologie du compteur d'eau, *in* Mathieu N., Guermond Y. *La Ville durable, du politique au scientifique*, Cemagref-CIRAD-Ifremer-INRA, 119-128.

Au sein du comité des scientifiques pour une nouvelle culture de l'eau, s'il y a unanimité contre la privatisation des ressources en eau, il n'y en a pas autant quant à la place du secteur privé dans la fourniture des services : les collègues d'Europe du Nord y sont en général plus hostiles que ceux d'Europe du sud ou de l'est, qui ont dû faire face à une mauvaise gestion étatique. Mais le consensus minimal est établi sur le fait que les infrastructures des services publics devraient rester dans des mains publiques, même si les collectivités adoptent des formules de gestion à caractère industriel et commercial. On est donc en fait au-delà du débat public - privé tel qu'il s'est développé pour les grandes villes du Tiers Monde.

Paradoxalement, la privatisation anglaise, accompagnée de la mise en place de trois agences de régulation par l'État central, a pu donner à penser à un retour en force du paradigme public - privé. Mais l'expérience britannique est finalement relativisée aujourd'hui : non seulement ce modèle s'est révélé inadapté au tiers Monde, mais en Angleterre et au Pays de Galles même, les gestionnaires privés sont tentés de revendre l'énorme infrastructure des réseaux à la collectivité publique. Notre hypothèse de la double impossibilité d'une gestion étatique et d'une simple concession au secteur privé, fait de l'Europe un champ d'expériences de la gestion de l'eau que le reste du monde devrait bien davantage observer, au lieu d'évoquer le spectre de la marchandisation et de la " guerre " de l'eau. Certes, il serait peu sérieux d'ignorer la grande distance entre les problèmes de raccordement des populations pauvres aux services sanitaires de base dans les pays en développement, et la gestion durable des services dans des pays où le raccordement est généralisé. Mais précisément, en Europe, le taux de couverture actuel est le produit du formidable élan de solidarité sociale qu'a constitué le " municipalisme " pendant des décennies, et donc on peut se demander s'il ne faut pas avant tout aider les villes d'autres pays à se doter de capacités de gestion. C'est une des grandes nouveautés annoncées au forum mondial de Mexico. Il reste à convaincre les acteurs des services publics que le véritable problème, ce n'est pas d'abord la Banque Mondiale ou les grands groupes, mais l'absence de solidarité sociale au niveau territorial approprié. Payer le développement initial des services dans les taxes locales, grâce aux formules municipalistes, c'était faire payer l'eau des pauvres par les riches, et donc rendre acceptable à tous la partie éventuellement couverte par des factures proportionnelles au volume consommé[80].

CONCLUSION

Au delà donc du débat sur la privatisation, et en prenant en compte celui sur la centralisation et la décentralisation, puis celui sur la transversalisation ou la gestion intégrée, on découvre de nombreux enjeux associés à la transformation des politiques publiques de l'eau : mais le plus fondamental n'est-il pas celui de la "modernisation de la démocratie" ? L'enjeu est plus substantiel que la simple efficacité comparée de modes de gestion et de régulation, que ce soit des services publics ou des ressources en eau. En tout cas en Europe, et même en Espagne[81], on assiste à une lente érosion des concepts faisant de l'eau une chose publique dont le souverain pourrait abuser (*ab-utere*, user de façon destructrice) à sa guise. La souveraineté est contrebalancée par la montée en puissance de niveaux inférieurs de gouvernement (régions administratives et/ou

---

[80] Notons que le nouveau gouvernement bolivien, une fois que les contrats avec les entreprises privées de services d'eau ont été annulés, dit que le problème est le 'racisme' de la société, qui a doté les élites urbaines de services publiques, laissant les indiens avec des systèmes communautaires distribuant directement la ressource. On peut alors envisager d'inverser le problématique et dire qu'il ne peut pas y avoir de services publics universels dans une société de type encore trop post-colonial.

[81] Il s'agit de l'abandon par le nouveau premier ministre Zapatero du plan hydrologique national qui prévoyait de transférer l'eau des Pyrénées jusqu'à Almeria, par une série d'ouvrages hydrauliques imaginés à l'époque du régime autoritaire, mais que la Commission européenne a finalement renoncé à soutenir.

organismes de bassin) qui légitiment leur action par la démocratie participative et le partage raisonnable et équitable.

Et comme le disait déjà Ovide : « *usus comunis aquarum : nec aerem, nec solem proprium natura fecit, nec tenues undas ; ad publica munera veni* »[82].

[82] « Usage en commun des eaux : la nature n'a pas fait les petits cours d'eau ni comme l'air, ni comme le soleil lui-même ; ils relèvent de la bienveillance publique (*public trust* en anglais). J'ai trouvé cette citation dans le cours d'hydraulique agricole de Benjamin Nadault de Buffon (1802-1880) ingénieur des Ponts et Chaussées, créateur du premier service de l'hydraulique dans l'administration des Travaux Publics, et défenseur avant la lettre de la notion de patrimoine commun, distincte du domaine public bien que proche.

POUR UNE GESTION DES TERRITOIRES : DE L'ASSOLEMENT A LA BIODIVERSITE

Marc BENOÎT, Jean-Pierre AMIGUES, Gérard BALENT, Jean-Claude MENAUT et Serge MORAND

Respectivement :

INRA, station SAD Mirecourt

LERNA, INRA – Univ. Toulouse 1

INRA-INPT/ENSAT Dynamiques Forestières dans l'Espace Rural, Castanet-Tolosan

CESBIO OMP, CNRS/CNES/IRD - Univ. Toulouse 3

CBGP-IRD, Montferrier sur Lez

RESUME

Les enjeux de la gestion des territoires sont posés tant par les disciplines relevant des Sciences Humaines et Sociales, des Sciences de la Vie que des Sciences de l'Univers. Les débats au sein de l'atelier ont porté sur l'importance de la prise en compte des dynamiques (sociales, biodiversité) et de leur nécessaire territorialisation.

Les discussions ont fait émerger : (1) la nécessité d'élaborer des modèles conceptuels pour partager les interrogations disciplinaires ; (2) l'intérêt de discerner des entités à partager entre disciplines ; (3) l'importance de progresser collectivement sur l'évaluation des temps caractéristiques de changements étudiés (écologiques, techniques, économiques, juridiques, …) ; (4) la nécessité de penser la biodiversité en terme de dynamique adaptative ; (5) la difficulté de définir des territoires caractéristiques ; (6) le besoin de nouveaux concepts permettant de relier dynamique sociale, dynamique de la biodiversité et dynamique environnementale ; (7) l'intérêt de définir une stratégie de conception coordonnée d'observatoires (ressources, pratiques, valeurs sociales, dispositifs juridiques, ...) ; (8) la reconnaissance de l'existence d'irréversibilités.

Deux points ont plus particulièrement structuré la discussion : l'imagination pluridisciplinaire d'un modèle partagé nécessaire à la constitution de plateformes de modélisation, et la dimension dynamique adaptative de la biodiversité.

INTRODUCTION

« Penser globalement agir localement », tel est le message que beaucoup ont retenu du rapport « notre avenir commun» de Gro Harlem Brundtland (1987), présidente de la Commission Mondiale sur l'Environnement. Ce rapport présenté en 1987 servira de base au concept de Développement Durable.

Le territoire est ce lieu local d'action des humains, dont les multiples activités et besoins dépendent tant des services rendus par les écosystèmes. Ces activités locales, cependant, s'inscrivent dans la dépendance à des échelles supérieures régionales ou globales : cycles biogéochimiques, climat ; prises de décision éloignées (États, organisations supra étatiques...) ; mondialisation des échanges et donc des organismes vivants.

Plusieurs exposés *a priori* disciplinaires - car portés par des spécialistes des Sciences Humaines et Sociales (SHS), Sciences de l'Univers (SDU) et Sciences de la Vie (SDV) ont servi d'introduction à cet atelier. La réorganisation des territoires et les problèmes agronomiques ont été en particulier abordés. En effet il apparaît que la réorganisation des paysages est un enjeu majeur, ce qu'illustrent divers exemples, comme ceux concernant les ressources en eau ou les OGMs. Quant à elle, la problématique du changement global et de la biodiversité pose comme principale interrogation la question des limites à l'adaptation des organismes vivants, notamment *via* leurs interactions avec l'humain dans un contexte de changements rapides (climat, mondialisation). Il ressort aussi que l'approche des « surfaces continentales » par les SDU, notamment *via* l'étude des bilans de carbone et d'eau, n'est pas *a priori* motivée par le bien-être des gens.

D'emblée ces exposés ont pris le parti d'une approche pluridisciplinaire. Les débats au sein de l'atelier ont porté sur l'importance de la prise en compte des dynamiques (sociales, biodiversité) et de leur nécessaire territorialisation. Les discussions ont fait consensus sur la nécessité de faire émerger des concepts communs afin de permettre une modélisation, de définir des indicateurs pertinents au sein d'observatoires coordonnés.

REORGANISATION DES TERRITOIRES ET AGRONOMIE

Position du problème, ou comment l'agronomie se réapproprie un champ de recherche fondateur de la discipline ?

Nous centrons nos recherches sur les relations entre l'organisation des activités agricoles et les évolutions de ressources naturelles autour d'un concept central : l'assolement, vu comme un indicateur de l'organisation de l'espace agricole et comme un révélateur des dynamiques territoriales.

Notre proposition s'inscrit dans **l'axe des recherches « systèmes en agronomie »** (Sébillotte, 1996) qui repose sur trois principes méthodologiques : (i) partir de situations observées par enquête en exploitations agricoles, (ii) construire des modèles à partir d'études de cas, en utilisant les typologies d'exploitations comme moyen de prise en compte de la diversité, et (iii) élaborer, en partenariat avec les acteurs concernés, des outils de compréhension et d'aide à la gestion des phénomènes spatiaux (Christophe et al., 1996). Cette proposition est proche d'une approche agronomique anglo-saxonne et de travaux de géographes français. Les approches anglo-saxonnes se sont développées dans deux directions très différentes : l'une a étudié les acteurs en situation et les groupes locaux d'action, l'autre a proposé des modélisations de l'évolution de l'utilisation du territoire par des statistiques englobantes. Nous nous inspirons de la première, car nous pensons que les éléments de réponses doivent être trouvés au niveau où se posent les questions, c'est-à-dire souvent à un niveau local. La maîtrise de l'utilisation du territoire se fait à un niveau intermédiaire entre les actes techniques des agriculteurs sur les parcelles et les régulations macro-économiques. Une école de recherche basée sur des modélisations multi échelles de l'utilisation du territoire aborde cette question (Veldkamp and Fresco, 1997 ; de Koning et al., 1999). Certains modèles tentent de rendre compte de l'organisation territoriale de cette utilisation du territoire (Verburg et al., 1999). Ces travaux se sont multipliés depuis la prise en compte d'enjeux environnementaux par l'agriculture, lors de recherches visant à établir les bases de la durabilité de l'agriculture (Zander and Kächele, 1999). D'autre part, le développement de recherches sur l'agriculture de précision[83] prend en compte l'organisation des assolements dans la mise en œuvre de ces nouvelles techniques et sur leurs effets sur le paysage (Gerber et al., 1998).

Nous retenons de ces travaux d'agronomes la nécessité de rendre compte de l'inscription spatiale de ces activités. Or, la façon dont les agriculteurs mettent en œuvre leurs productions se marque dans le territoire par la répartition des cultures. L'étude de cette organisation spatiale des systèmes de culture est l'une des tâches de l'agronome définie par M. Sébillotte (1974). Nous la nommerons « **agronomie des territoires** ».

[83] L'agriculture de précision se définit comme l'utilisation de techniques de spatialisation et contrôle des techniques agricoles permettant de différencier les modalités d'une opération technique au sein d'une même parcelle.

Élargie à l'ensemble des productions végétales, y compris les cultures pérennes, la notion d'assolement en tant que répartition spatiale des cultures a du sens par rapport au fonctionnement des exploitations agricoles, mais aussi à l'interaction entre les activités agricoles et les autres activités du territoire. De plus, la répartition des cultures concerne différents acteurs : l'agriculteur met en valeur l'espace, le propriétaire définit les conditions d'utilisation de son patrimoine, les prescripteurs imposent des contraintes d'application des techniques, la société locale fait pression pour satisfaire un intérêt collectif. Cette attention aux enjeux territoriaux de l'activité agricole sensibilise plus encore que par le passé les agronomes aux concepts et démarches de géographes (INRA-ENSSAA, 1977 ; Benoît et Papy, 1997 ; Husson et Benoît, 2004).

La démarche que nous suivrons ici s'inscrit dans un courant qui se situe à l'interface de l'agronomie des territoires, envisagée comme une technologie de l'agriculture, de la géographie quand elle examine les interrelations entre l'homme et l'environnement, et des sciences de gestion. Récemment, de nouveaux dispositifs techniques et organisationnels se mettent en place pour piloter cet assolement dans des hydrosystèmes menacés (Mannion, 1995).

Une mise à l'épreuve au sein de chantiers de recherche : une posture de recherche - intervention (selon la nomenclature proposée par A. Hatchuel).

Nous mettons à l'épreuve cette modélisation de l'organisation des activités agricoles sur trois chantiers de recherche de l'INRA-SAD[84] dont les questions initiales étaient très différentes. Il s'agit de montrer que l'assolement est un indicateur spatial de fonctionnement de ces systèmes agraires permettant de suivre l'évolution de l'utilisation des territoires concernés. Dans ces trois exemples, l'assolement est

[84] Département « Sciences pour l'Action et le Développement » de l'INRA.

l'indicateur de l'organisation spatiale des cultures. Le fonctionnement et la dynamique des activités sont décrits par l'occupation du sol, les types de couverts ou de cultures, aux différents niveaux d'organisation concernés, la parcelle, l'exploitation, le bassin d'alimentation. Les Systèmes d'Information Géographique et l'analyse d'images de télédétection sont les outils d'analyse spatiale utilisés pour décrire et comparer ces assolements. Ils fournissent les représentations spatiales du fonctionnement et de l'évolution du système à présenter aux acteurs concernés (Benoît et al., 1997 ; Benoît, 2001).

Dès 1987, une équipe de l'unité SAD Versailles - Dijon-Mirecourt a été impliquée dans la gestion des ressources en eau et la prévention de la pollution par les nitrates, en particulier dans le bassin des eaux minérales de Vittel (Deffontaines et al., 1993). La qualité de l'eau dépendant de l'occupation du sol, la recherche a permis d'identifier les bassins « à risque » et les exploitations agricoles concernées. Gérer l'eau consiste alors à transformer les systèmes de culture pour qu'ils soient plus respectueux de l'environnement. Dans les deux cas de protection des ressources en eau potable, celles-ci sont régies par les gestionnaires de l'eau (maires pour les régies communales, présidents des syndicats intercommunaux) et les gestionnaires du territoire des bassins d'alimentation (agriculteurs conseillés par les Chambres d'Agriculture des Vosges et de Meurthe-et-Moselle, forestiers, résidents) (Salou, 1992). Chaque parcelle culturale sur laquelle un système de culture est mis en œuvre participe à deux entités spatiales fonctionnelles: un bassin d'alimentation et une exploitation agricole.

Dans tous les cas, ressource en eau potable et minérale, nous mobilisons deux lectures des territoires de l'eau. D'une part la reconnaissance des occupations du sol d'un bassin d'alimentation permet d'identifier le risque qu'elles font courir à la qualité de l'eau selon la conduite agronomique des couverts végétaux. Cette lecture est utile pour établir un diagnostic préalable à toute action préventive (Gaury, 1992 ; Benoît, 1992; Benoît et al., 1995 ; Mary et al., 1996). L'assolement est l'indicateur de risque. D'autre part, la structure du bassin permet de définir le taux d'implication de chaque exploitation et ainsi, de cibler les interventions. Cette compréhension s'avère nécessaire quand des changements de pratiques doivent être envisagés en négociation entre les gestionnaires de l'eau et ceux du territoire.

PROPOSITION D'UN SCHEMA CONCEPTUEL

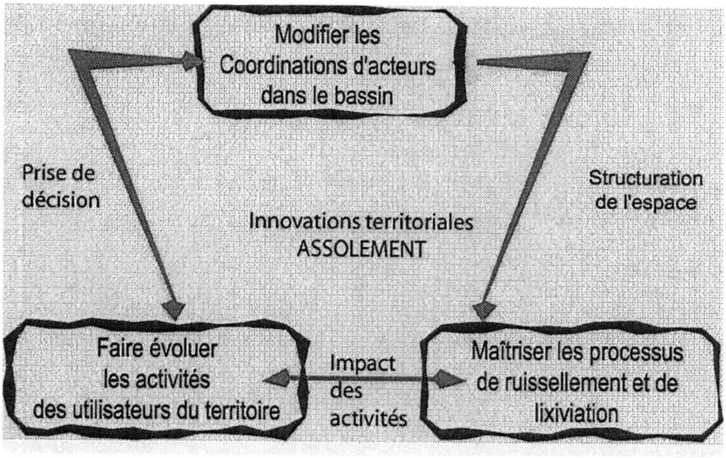

Figure 1 : Modélisation des innovations territoriales visant à protéger les ressources en eau

Dans les chantiers de recherche mis en oeuvre, les innovations territoriales élaborées relient trois domaines très différents :

- celui des coordinations d'acteurs concernées par le bassin ;
- celui de l'évolution territoriale des systèmes de culture ;

- celui des processus biophysiques de constitution d'une ressource en eau.

Entre ces domaines mobilisés par les innovations territoriales, nous pouvons identifier les trois entités modifiées par ces innovations :

- la structuration de l'espace agricole : la maille foncière ;
- la prise de décision des agriculteurs : la gestion territoriale des activités agricoles ;
- l'impact des systèmes de culture sur les ressources en eau : les flux biogéochimiques.

Pour toutes ces entités, l'assolement se trouve focal : (i) objet modifié par la structuration de l'espace agricole, (ii) objet géré par les prises de décisions d'agriculteurs, (iii) facteur principal des flux biogéochimiques.

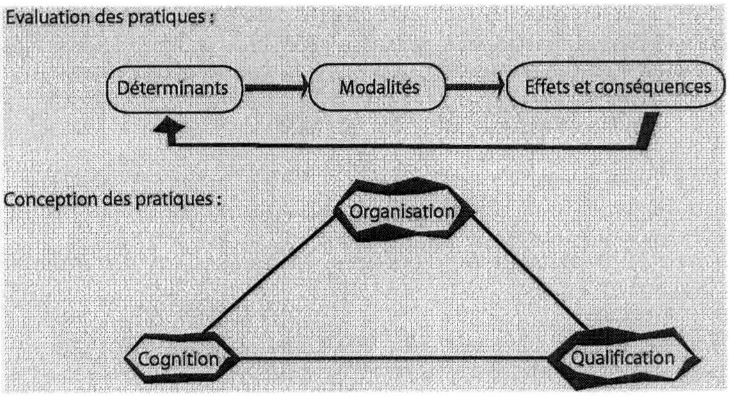

Figure 2 : Les deux points de vue mobilisés sur les pratiques agricoles

Un schéma simplifié de ces relations est proposé en Fig. 1.

DIMENSIONS DES PRATIQUES AGRICOLES PRISES EN COMPTE POUR RAISONNER LEUR CHANGEMENT

Nous mobilisons de fait, deux points de vue différents sur les pratiques agricoles (Figure 2) : celui de l'évaluation des pratiques (tridimensionnelle : déterminants, modalités et efficacité), et celui de la conception de nouvelles pratiques, qui mobilise leur organisation matérielle, la qualification nécessaire pour leur mise en œuvre, enfin, la façon dont elles sont mentalement prises en charge par l'acteur.

TERRITOIRES ET BIODIVERSITE

Le contexte agricole constitue un paradigme de la complexité des interactions des jeux d'acteurs, de leurs prises de décision et des impacts de leurs activités sur l'environnement (flux biogéochimiques par exemple). Cette inscription dans un territoire s'illustre encore dans de très nombreux autres contextes, et sous toutes sortes de zones climatiques. Ainsi la dynamique des territoires conditionne étroitement aussi la dynamique de la biodiversité des échelles locale à globale.

UNE DEFINITION DE LA (DES) BIODIVERSITE(S)

Selon la Convention sur la Diversité Biologique (CDB, 1992), la biodiversité est la variabilité des organismes vivants de toute origine y compris, entre autres, les écosystèmes terrestres, marins et autres écosystèmes aquatiques et les complexes écologiques dont ils font partie ; cela comprend la diversité au sein des espèces et entre espèces ainsi que celle des écosystèmes. Cette définition est assez restrictive, et il faut voir la biodiversité comme une dynamique d'interaction où l'humain est parti prenante, car elle inclue la diversité des cultures et des savoirs humains (Cury et Morand, 2004). L'espèce humaine est un produit de l'évolution et la prise en compte de l'évolution dans le domaine des sciences sociales est assez récente : psychologie évolutive, sociobiologie, sélection sexuelle, « nature » du genre ... Selon certains évolutionnistes tel Edward O. Wilson (1986), nombre de nos sentiments face à la nature seraient le résultat de processus adaptatifs. La compréhension des rapports des sociétés humaines à leur milieu fait l'objet de très nombreux travaux en Anthropologie (e.g. Descola, 2005 ; voir aussi Barrière C. et O. Barrière, ce volume)

La biodiversité peut avoir plusieurs définitions représentant des valeurs différentes, issues de nos représentations de la nature et de nos relations à celle-ci.

On peut noter quatre conceptions occidentales de la nature et de la biodiversité :

- une conception humaniste : la biodiversité rend des services aux humains, tels les services rendus par les écosystèmes (pollinisation, épuration de l'eau, foresterie, etc.). Le développement humain passe donc par une exploitation raisonnée et une gestion durable de la biodiversité et des services qu'elle procure ;
- une conception romantique : le vivant à ses propres valeurs intrinsèques, qu'il s'agit de préserver de l'exploitation ou de la dégradation par les humains et ce grâce à une éthique et un droit du vivant ;
- une conception éco-centrique : l'hypothèse Gaïa de James Lovelock (1979) enracinée dans les travaux anciens tels que ceux de Venardisky sur la Biosphère en 1926, présente la planète Terre comme un véritable organisme vivant qui ne peut survivre qu'en maintenant son homéostasie. Les dégradations importantes du fait des activités humaines bouleversent cette homéostasie et mettent en péril la

survie de la planète. Seul un gouvernement mondial s'appuyant sur une forte expertise scientifique permettrait d'apporter des solutions de gouvernance selon cette conception ;

- une conception bio-centrique : plus récente, elle s'appuie sur les recherches en écologie évolutive qui mettent l'emphase sur les processus évolutifs à la base des interactions entre et au sein des espèces et populations. Les objectifs de gestion de la biodiversité sont à reconsidérer. Il ne s'agit plus de préserver ni de « recréer » la nature. Il s'agit de maintenir au maximum le potentiel évolutif et donc adaptatif du vivant, c'est-à-dire permettre de préserver des choix futurs et une assurance face aux risques.

QUELLE GESTION POUR QUELLE BIODIVERSITE ?

L'exploitation, la gestion et la conservation de la biodiversité sont envisagées suivant des points de vue différents qui montrent leurs limites.

La conservation et l'utilisation des ressources génétiques pour leur utilisation en agronomie, pharmacie, cosmétique ont fait porter le débat sur les objectifs de la bio-prospection (assimilée à un bio-pillage ou bio-piratage) et de la mise en place de conservatoire *in situ* ou *ex-situ*. Le débat a été focalisé sur les problèmes d'accès et de partage des bénéfices (« *Access and Benefit Sharing* ») associés à la biodiversité et / ou sur la brevetabilité du vivant. Il s'inscrit ainsi dans le débat général portant sur les biotechnologies et l'intervention humaine sur le vivant.

Le deuxième point de vue porte sur l'exploitation raisonnée des ressources vivantes (forêts, pêches). Les approches traditionnelles de gestion des stocks ont ainsi montré leurs limites. En effet, que gère-t-on des stocks de poissons ou des pêcheurs ? La réponse a été apportée par un renouvellement des méthodes et une approche désormais écosystémique. C'est tout un système que l'on gère en y incluant la variabilité climatique, le fonctionnement des réseaux trophiques, les pêcheries, les négociations nationales et internationales.

Enfin, la conservation de la « nature ordinaire » met généralement l'accent sur les extinctions d'espèces et privilégie l'approche « aires protégées ». Celles-ci représentent officiellement 11% de la surface continentale de la planète. Même si les aires protégées n'excluent plus les populations humaines avec les « réserves de biosphère », le choix de l'emplacement de ces aires dépend de nombreux paramètres. Récemment développée, la notion de « *hotspots*» ou points chauds de la biodiversité, correspondant à des zones très riches en espèces endémiques, pose de nouveaux problèmes pour la conservation. Tout d'abord, cette notion délimite sur la planète les zones à protéger, et de ce fait on territorialise la conservation de la biodiversité. Ensuite, la caractérisation de cette biodiversité endémique ne peut s'établir que par comparaison avec les autres zones géographiques, échappant ainsi aux savoirs et aux représentations locales des populations. Par contre, cette définition a l'avantage de pointer les états possédant des zones à forte biodiversité pour les amener à prendre en compte leur « devoir » international dans leur préservation. Ainsi, la France est un pays « *Megadivers* ». En effet, grâce à ces départements et territoires, elle est le premier pays pour le nombre de « *hotspots* », lui conférant ainsi une responsabilité internationale importante.

QUELQUES PROBLÈMES

Des quelques remarques précédentes, il ressort que les définitions de la biodiversité présentent des limites importantes qu'il ne faut certainement pas négliger.

Si la biodiversité est définie par un nombre d'espèces, et une qualification de ces dernières (espèces rares, emblématiques...), les mesures de gestion et de conservation seront de nature spécifique et se limiteront à cartographier des « *hotspots* » et à restreindre géographiquement les enjeux. La gestion sera limitée aux conflits d'accès et d'usage, aux instabilités politiques (exploitations des ressources naturelles). Cette définition interpelle sur l'expertise car située principalement au Nord alors que la biodiversité est essentiellement au Sud.

Si l'on définit la biodiversité par une capacité évolutive et écologique résultant de la diversité des organismes et des espèces, on privilégiera une approche « d'économie des collections », où la valeur de conservation dépend à la fois du caractère « unique » des membres composant la collection et de l'étendue de la collection elle-même.

Si on définit la biodiversité par les services rendus par les écosystèmes, alors on proposera des mesures de gestion de nature écosystémique, où chaque écosystème a sa valeur. On acceptera que chaque pays ait sa propre conception de la biodiversité (par exemple Natura 2000).

Comment définir la biodiversité en termes de « biens publics mondiaux » ou de « patrimoine commun » ?

QUELS INDICATEURS DE BIODIVERSITE ?

Là encore, tout dépend de la définition de la biodiversité et des objectifs que l'on veut atteindre. On pourrait suggérer que l'approche génétique ou spécifique de la biodiversité simplifie la production d'indicateurs qui seront des nombres d'espèces ou de variabilité génétique au sein des populations constituant ces espèces.

Par contre, une approche écosystémique et donc territoriale de la biodiversité suppose des indicateurs beaucoup plus élaborées :

- des indicateurs d'interaction (y compris interaction avec les humains) ;

- des indicateurs de perturbation et d'appréciation des résiliences ;
- des indicateurs de fonctionnement des écosystèmes ;
- des indicateurs de risques liés aux changements de biodiversité : émergence de pathogènes, invasions biologiques...
- des indicateurs de bénéfices associés (santé, bien être,...) associés à des mesures prises en faveur de la protection de la biodiversité.

VERS UNE INTEGRATION DES PROBLEMATIQUES

L'approche pluridisciplinaire est au centre des préoccupations. Cela est particulièrement clair pour la biodiversité, concept défini au départ par les biologistes mais dont l'appropriation par les autres disciplines scientifiques, par les politiques et les gestionnaires est indéniable. Un pays peut prendre des mesures de lutte contre le bio-piratage au nom de la défense de la biodiversité. La gestion enfin suppose une expertise partagée et co-construite entre disciplines scientifiques et avec les bénéficiaires et les gestionnaires.

La discussion a mis en évidence 8 points-clés, nécessitant un réel effort d'intégration de nos différentes disciplines :

- la nécessité d'élaborer des modèles conceptuels pour partager les interrogations disciplinaires ; en plus, sans modèle commun, il est impossible de bâtir une expertise collégiale et correcte ;
- l'intérêt de discerner des entités à partager entre disciplines, comme les techniques d'exploitation des ressources et les évaluations de ces ressources ; il ressort que les outils méthodologiques doivent

s'élaborer au profit des modèles et concepts communs ;

- l'importance de progresser collectivement sur l'évaluation des temps caractéristiques des changements étudiés (écologiques, techniques, économiques, juridiques, ...). Les changements globaux sont rapides. La prise en compte des vitesses différentielles de changement entre les différentes composantes – écologie, économie, technique, etc. – est essentielle pour comprendre la dynamique adaptative de l'ensemble ;
- la difficulté plus grande, que dans le cas du temps, de définir des territoires caractéristiques. Les changements d'échelle du local au global ou les effets de frontière entre territoire caractérisant les flux et les échanges sont difficiles à quantifier et à modéliser ;
- comment penser la biodiversité en terme dynamique ? Si on considère que la biodiversité c'est d'abord des interactions entre différentes échelles du vivant (du génome aux écosystèmes) issus de processus adaptatifs, alors il faut pouvoir estimer ces interactions et estimer le potentiel adaptatif ;
- que penser du classique DPSIR (« Driving forces, Pressure, State, Impacts, Response ») de l'OCDE face à notre « Pratiques / Impacts / Ressources / Valeurs » issu de nos échanges ? De nouveaux concepts doivent émerger permettant de relier dynamique sociale, dynamique de la biodiversité et dynamique environnementale ;
- quelle stratégie de conception coordonnée d'observatoires soutiendra notre réflexion à l'avenir (observatoires de ressources, de pratiques, de valeurs sociales, de dispositifs juridiques, ...) ? La définition et l'utilisation d'indicateurs, environnementaux, de biodiversité, de bien-être social, économiques... ne

peuvent prendre toute leur pertinence qu'au travers de mesures prélevées au sein d'observatoires au long terme ;

- enfin, la prise en compte de la dynamique dans l'étude de la biodiversité implique de reconnaître l'existence d'irréversibilités (Diamond, 2005). Des questions comme les effets de changement de biodiversité sur les résiliences des écosystèmes sont loin d'être triviales (*Millenium Ecosystem Assessment*, 2005). Elles nous renvoient à nos ignorances et incertitudes quant à l'évolution des milieux vivants. La combinaison d'irréversibilités et d'incertitudes scientifiques fortes ouvre alors la porte à une réflexion sur l'application du principe de précaution, et donc sur des priorités de conservation, réalistes socialement et biologiquement pertinentes.

Parmi ces points de réflexion, nous en aborderons plus particulièrement deux : l'imagination pluridisciplinaire d'un modèle partagé et la dimension dynamique de la biodiversité. Ils sont développés ci-dessous.

VERS UNE PLATEFORME COMMUNE DE MODELISATION ?

UN PARTAGE DE CONCEPTS COMMUNS

Un partage des entités gérées et générées (concepts, méthodes) par l'activité des diverses disciplines conduit à considérer qu'une valeur sociale posée sur des donnée concernant la biodiversité se définit comme une fonction des prélèvements, de l'état des techniques disponibles et du temps mobilisé. La valeur sociale peut être un service, une ressource, un bien-être esthétique, une valeur culturelle ou spirituelle (Barbault et Chevassus-au-Louis, 2004 ; *Millennium Ecosystem Assessment* 2005).

L'étude de cette valeur sociale est essentiellement prise en charge par les sciences sociales (économistes, anthropologues, sociologues).

Les processus d'évolution de cette biodiversité sont fonction de l'état des ressources, des interactions, des prélèvements opérés et des paramètres du milieu. L'étude de ces processus évolutifs mais aussi adaptatifs est caractéristique des « territoires SDV/SDU ».

Les pratiques humaines exercées sur ces ressources sont liées à leur état, aux prélèvements antérieurs et aux techniques mises en œuvre. L'étude de ces dernières est souvent le cœur de métier des technologues et des sciences de l'ingénieur. En effet, les techniques disponibles sont fonction de valeurs sociales, de caractéristiques techniques abordées par les sciences de l'ingénieur.

Enfin, la production de normes environnementales et d'indicateurs contrôlant ces techniques est l'objet des recherches principalement des sciences politiques et juridiques.

Ainsi, il nous apparaît :

- qu'il n'y a pas de « continuum » dans la production scientifique, une discipline ne « fabrique » pas une entité pour une autre ;
- que le dialogue pluridisciplinaire doit d'abord se centrer sur une co-production d'entités à mettre en débat.

Les principales entités qui nous semblent porteuses d'un dialogue interdisciplinaire seraient :

- les techniques (marges de manœuvre possibles à expliciter par les sciences de l'ingénieur, valeur sociale portée par ces techniques et nécessaire à leurs évolutions) pour aller vers une ingénierie écologique afin de mettre en place des outils et méthodes de gestion et de conservation durable de la biodiversité ;

- les évaluations d'évolution des ressources (maîtrisable par les systèmes techniques, évalués par des indicateurs et normes) pour donner des indicateurs de biodiversité, de fonctionnement des écosystèmes ;
- la construction d'un droit des générations futures qui sont elles-mêmes à la fois objet et sujet de droit (notion de patrimoine commun, remise en cause du droit sur l'héritage).

TEMPS ET VITESSE DES CHANGEMENTS

Enfin, nous avons pointé le rôle original du temps, et surtout de la vitesse, dans nos recherches. En particulier, nous avons insisté sur les nécessaires évaluations des temps caractéristiques de changement des divers processus à étudier :

- quels sont les temps et les vitesses d'adaptation du vivant au changement global (climat, fragmentation des habitats, invasions biologiques... ; Lovejoy and Hannah, 2005) ?
- quels sont les temps et les vitesses de changement de compétences techniques en vue de la maîtrise d'un nouveau processus ?
- quels sont les temps et les vitesses de changement de pratiques des acteurs face à une nouvelle donne économique ?
- quels sont les temps et les vitesses de changement des processus écologiques suite à des changements de pratiques humaines ?

Les réponses à ces questions sont cruciales, elles détermineront les limites (ou l'absence de limite) aux co-adaptations : organismes vivants et environnement, nature et sociétés humaines (voir par exemple Walker et al., 2004).

DE NOUVEAUX MODELES AUX PLATEFORMES DE MODELISATION

Actuellement, face au classique DPSIR, nos discussions ont pointé l'intérêt de mobiliser un « chaînage » entre Pratiques / Impacts / Ressources / Valeurs. Les comparaisons entre ces deux approches relient des faits de nature et de société et nécessiteraient une discussion de fond, qui dépasse largement ce chapitre, sur les faces cachées de ces modèles simplifiés.

Coupler les modèles mathématiques du climat, de l'environnement, des dynamiques sociales, du fonctionnement d'un écosystème et de la biodiversité s'avère être un objectif obligatoire pour améliorer l'expertise scientifique en produisant des scénarios et projections du futur. Cet objectif sera réalisable sur la base des concepts communs partagés.

PENSER LA BIODIVERSITE EN TERME DE DYNAMIQUE ADAPTATIVE ?

Nous avons commencé à poser qu'un écosystème est fonction, à la fois, de vecteurs de processus et de vecteurs d'états. L'aspect dynamique nous semble central à prendre en charge car à tout instant, un écosystème génère un flux de services dont une partie va dans la société et crée une valeur sociale ; celle-ci crée en retour une perturbation anthropique qui va modifier tant les processus écologiques que les états.

Le rôle des indicateurs écologiques est ici critique. Peut-on partir d'une batterie d'indicateurs en biologie/écologie pour remonter à une description des processus et états du fonctionnement des écosystèmes ? Peut-on partir des valeurs sociales et modéliser des relations entre les services rendus et le fonctionnement des écosystèmes, pour parvenir aux indicateurs de biodiversité ? Le débat est loin d'être clos, à l'heure où nous mettons en place des indicateurs de biodiversité afin de répondre aux engagements internationaux. Le choix de ces indicateurs de biodiversité n'est pas sans conséquence sur les objectifs à atteindre. Ainsi, des indicateurs qui se limiteraient à des mesures purement « biologiques » (nombre d'espèces ou des indicateurs de viabilité des populations animales et végétales...) laisseraient les biologistes gérer la biodiversité. En effet, la question des indicateurs apparaît aujourd'hui comme une démarche principalement descendante. Par des études appropriées, les chercheurs sont à même de comprendre et modéliser les relations entre facteurs écologiques et différentes composantes de la biodiversité. Mais la question de la pertinence de ces indicateurs pour la gestion n'est que rarement posée, elle semble aller de soi. La question de leur appropriation par les gestionnaires de la biodiversité n'est pas non plus posée.

La prise en compte de la dynamique dans l'étude de la biodiversité implique de reconnaître l'existence d'irréversibilités. Celles-ci peuvent être dues à des changements d'états d'un écosystème par dépassement des capacités de résilience, ou par la perte des capacités adaptatives (Gunderson and Holling, 2001).

Un tel constat pose de nouvelles questions :

- que veut dire définir un état d'équilibre ? Comment les mettre en évidence (van der Maarel, 1993) ?
- comment mesurer la résilience d'un écosystème (Gunderson and Holling, 2001) ?
- comment ces mesures peuvent-elles être prises en charge tant dans les sciences sociales, que dans les sciences écologiques ou de l'ingénieur ?
- quels types de scénarios construire (Dupuy, 2002) ?

Ainsi, il nous semble important de dépasser les indicateurs d'états pour développer des indicateurs d'interaction, de perturbation, d'émergence, de latence (écologique, de transmission intergénérationnelle, de l'innovation technique, etc.).

CONCLUSION

La biodiversité doit être insérée dans les territoires qui sont des milieux physiques et biologiques façonnés et construits par les humains. L'approche par écosystème permet d'éviter une approche par gestion des conflits (droits et accès) en privilégiant une approche par gestion des services assurés par la biodiversité (ressources, esthétique, culturelle).

Penser la biodiversité en terme dynamique et en terme d'interactions permet d'éviter les approches « états des lieux », « inventaires ». Une pensée émerge qui prend en compte les processus, les flux, les niveaux d'organisation et d'intégration du local au global, les co-adaptations.

Penser la biodiversité en terme dynamique c'est aussi éviter de cantonner les SHS dans un rôle de « valorisation socio-économique » du vivant et les SDV dans un rôle de « compréhension » du vivant. Les « valeurs » changent, et rapidement, comme la nature et l'intensité des pressions anthropiques sur les milieux.

Penser la biodiversité en terme dynamique, c'est aussi s'inscrire dans la dynamique du développement durable, qui a servi d'introduction à notre chapitre, dont les objectifs sont de garder le maximum de choix pour les générations futures en préservant les capacités adaptatives des systèmes écologiques, des systèmes sociaux et de leurs interactions (Cf. réseau international « Resalliance »).

Penser la biodiversité en terme dynamique et interactif, c'est proposer que sa conservation et sa gestion durable soit une science et une ingénierie d'action forcément pluridisciplinaire. Ainsi, on ne réduit pas gestion et conservation de la biodiversité à des problèmes de respect de normes édictées par des « ingénieurs » biologistes à des fins d'aménagement de flux d'espèces à protéger où à réguler par des aménagements *ad hoc*.

La dimension dynamique de notre « petit modèle conceptuel d'atelier de co-évolution des systèmes naturels et sociaux » implique une interrogation forte sur les dispositifs à mettre en place et tout particulièrement sur la stratégie de conception coordonnée d'observatoires (observatoires de ressources, de pratiques, de valeurs sociales, de dispositifs juridiques, etc.).

REFERENCES

BARBAULT R. et B. CHEVASSUS-AU-LOUIS (2004) Biodiversité et changements globaux, APDF, Paris.

BENOÎT M. (1992) Un indicateur des risques de pollution azotée nommé « BASCULE » (Balance Azotée Spatialisée des systèmes de CULture de l'Exploitation, Fourrages, 129, 95-110.

BENOÎT M. (2001) D'un SIG de recherche à un SIG de gestion territoriale : le périmètre de Vittel, *in* Lardon S., Maurel P., Piveteau V. (Eds), *Représentations spatiales et développement territoriale*, Chapitre 6, 131-142.

BENOÎT M., SAINTÔT D. et F. GAURY (1995) Mesures en parcelles d'agriculteurs des pertes en nitrates ; variabilité sous divers systèmes de culture et modélisation de la qualité de l'eau d'un bassin d'alimentation, C.R. Acad. Agric., 81(4), 175-188.

BENOÎT M., DEFFONTAINES J. P., GRAS F., BIENAIME E. et R. RIELA-COSSERAT (1997) Agriculture et qualité de l'eau ; une approche interdisciplinaire de la pollution par les nitrates d'un bassin d'alimentation, Cahiers Agriculture, 6, 97-105.

BENOÎT M. et F. PAPY (1997) Pratiques agricoles et qualité de l'eau sur un territoire alimentant un captage, *in* Riou C., Bonhomme R., Chassin P., Neveu A., Papy F. (Eds), *L'eau dans l'agro-écosystème*, , INRA Editions, 323-338.

BRUNDTLAND Report (1987) Our common future, Report of the World Commission on Environment and Development, UNO General Assembly, 318 pp.

CHRISTOPHE C., LARDON S. et P. MONESTIEZ (Eds) (1996) Etude des phénomènes spatiaux en agriculture, INRA Editions, Paris, Série Colloque, 365 pp.

CONVENTION on BIOLOGICAL DIVERSITY (CDB) (1992) Rio Earth Summit, (text, events, etc.) http://www.biodiv.org/default.shtml.

CURY P. and S. MORAND (2004) Marine biodiversity and global change: a dynamic interaction with a human component, *in* Barbault R., Chevassus-au-Louis B. (Eds) *Biodiversity and Global Change*, pp. 50-79, APDF, Paris.

DEFFONTAINES J-P., BENOÎT M., BROSSIER J., CHIA E., GRAS F. et M. ROUX (Eds) (1993) Agriculture et qualité des eaux ; diagnostic et propositions pour un périmètre de protection, INRA-SAD, 334 pp.

DE KONING G. H. J., VERBURG Ph., VELDKAMP A. and L. O. FRESCO (1999) Multiscale modelling of land use change dynamics in Ecuador, Agricultural Systems, vol. 61, 77-93.

DESCOLA P. (2005) Par-delà nature et culture, Gallimard, Paris, 623 pp.

DIAMOND J. (2005) Collapse: how societies choose to fail or survive, Penguin Books, New York, 592 pp.

DUPUY J.-P. (2002) Pour un catastrophisme éclairé ; quand l'impossible est certain, Le Seuil, Paris.

GAURY F. (1992) Systèmes de culture et teneurs en nitrates des eaux souterraines ; dynamique passée et actuelle en région de polyculture-élevage sur le périmètre d'un gîte hydrominéral, Thèse de Doctorat de l'ENSA de Rennes, 229 pp. + annexes.

GERBER J., HOLLOWAY L., SEYMOUR S., STEVEN M. and C. WATKINS (1998) New technologies and old knowledges : the impact of « precision farming » on the management of the English countryside, *in* Croix N. (éd.), *Environnement et nature dans les campagnes, Nouvelles politiques, nouvelles pratiques*, 187-204.

GUNDERSON L. H. and C. S. HOLLING (2001) Panarchy: understanding transformations in systems of humans and nature, Island Press, Washington, 450 pp.

HUSSON J.-P. et M. BENOÎT (2004) Les risques en systèmes de grandes cultures, *in* Wackermann G. (éd.) *La géographie des risques dans le monde*, Dossier n°4, 287- 302.

INRA-ENSSAA (1977) Pays, Paysans, Paysages dans les Vosges du Sud. INRA, 144 pp.

LOVEJOY T. E. and L. HANNAH (2005) Climate change and biodiversity, Yale University Press, New Haven & London, 418 pp.

LOVELOCK J. (1979) Gaia, Oxford Univ. Press (edition 2000), Oxford, 176 pp.

MANNION A. M. (1995) Agriculture and environnemental change : temporal ans spatial dimensions, Wiley, Chichester, 405 pp.

MARY B., BEAUDOIN N. et M. BENOÎT (1996) Prévention de la pollution nitrique à l'échelle du bassin d'alimentation en eau, *in* Lemaire G., Nicolardot B. (Eds), *Maîtrise de l'azote dans les agrosystèmes*, Reims, 19-20 octobre 1996, Les colloques n°83, INRA, Paris, 289-312.

MILLENIUM ECOSYSTEM ASSESSMENT (2005) Ecosystems and human well-being: biodiversity synthesis, World Resources Institute, Washington, DC.

NATURA 2000, Réseau écologique européen, http://natura2000.environnement.gouv.fr/ .

SALOU M.-C. (1992) Élaboration de la qualité des eaux dans des bassins versants agricoles ; essai de modélisation en milieux calcaires (exemple des plateaux de Vicherey et d'Aboncourt), DEA Géographie, Metz, INRA-SAD Mirecourt, 117 pp. + annexes.

SEBILLOTTE M. (1974) Agronomie et agriculture ; essai d'analyse des tâches de l'agronome, Cahiers ORSTOM, Série Biologie, N°24, 3-25.

SEBILLOTTE M. (1996) Systems research and action: interdisciplinary excursions, *in* Sébillotte M. (dir.) *Systems-Oriented Research in Agriculture and Rural Development*, Lectures and debates (International Symposium, 21-25 Nov. 1994), Montpellier, CIRAD, 35-72.

VAN DER MAAREL E. (1993) Some remarks on disturbance and its relations to diversity and stability, Journal of Vegetation Science, 4, 733-736.

VELDKAMP A. and L. O. FRESCO (1997) Exploring land use scenarios, an alternative approach based on actual land use, Agricultural Systems, 55, 1-17.

VERBURG P. H., DE KONING G. H .J., KOK K., VELDKAMP A. and J. BOUMA (1999) A spatial explicit allocation procedure for modelling the pattern of land use change based upon actual land use, Ecological Modelling, 116(1), 45-61.

VERNARDSKY W. (2002) La biosphère (traduction de l'ouvrage russe de 1926), Le Seuil, Paris.

WALKER B. H., HOLLING C. S., CARPENTER S. R. and A. KINZIG (2004) Resilience, adpatability and transformation in social-ecological systems, Ecology and Society, 9, 5 [online].

WEITZMAN M. (1992) On diversity, Quarterly Journal of Economics, vol. 107, n°2, 363-405

WEITZMAN M. (1998) The Noah's Ark problem, Econometrica, 66(6), 1279-1298

WILSON E. O. (1986) Biophilia, Havard Univ. Press, Harvard, 111 pp.

ZANDER P. and H. KÄCHELE (1999) Modelling multiple objectives of land use for sustainable development, Agricultural Systems, 59, 311-325.

ELABORATIONS D'INNOVATIONS TERRITORIALES POUR PROTEGER LES RESSOURCES NATURELLES : DE NOUVEAUX OBJETS ET DISPOSITIFS DE RECHERCHE POUR LES AGRONOMES

Expériences en cours, questions à traiter, perspectives de travail à explorer.

Marc BENOÎT

INRA Station SAD Mirecourt

INTRODUCTION

La dernière décennie a été marquée par une montée importante des préoccupations de gestion de la ressource en eau, en particulier du fait des problèmes posés par l'agriculture intensive tant d'un point de vue quantitatif (situations d'étiages sévères des cours d'eau et de dégradation des réserves en eau souterraines...) que qualitatif (pollution diffuse par les nitrates, phytosanitaires). La profession agricole est de plus en plus amenée à négocier avec les autres acteurs locaux pour trouver des solutions permettant de partager et de protéger cette ressource en eau, que ce soit pour s'adapter aux nouvelles dispositions législatives et réglementaires ou pour répondre aux critiques et demandes de plus en plus fortes de la société à son égard.

Le pilotage par les agriculteurs d'un ajustement permanent entre leurs fonctionnements d'exploitation et leurs territoires d'exploitation crée une répartition de pratiques dans des territoires ruraux. Ces formes ainsi créées dans le territoire se superposent aux entités où s'élaborent des ressources en eau : les bassins d'alimentation.

Les représentations de ces mondes que nous devons produire et instruire prennent deux formes : (1) des modèles reliant les pratiques agricoles à leurs entités fonctionnelles, pour en évaluer les possibilités de changement, (2) des modèles descriptifs des effets de cette répartition spatiale de pratiques sur les ressources en eau, dans le but de réaliser des systèmes d'aide au diagnostic et à la simulation d'effets de scénarios d'évolution de pratiques. La perspective opératoire des modèles élaborés est de proposer aux acteurs du développement et de l'aménagement du territoire des outils d'analyse pour les actions de protection des ressources en eau répondant à deux questions : (1) comment faire pour changer ? (2) quels seraient les effets de tel changement ?

Ainsi, les politiques agricoles qui se sont succédées depuis la dernière guerre ont favorisé des systèmes de culture et une organisation spatiale de ces derniers qui sont actuellement remis en cause. De nouvelles contraintes pesant sur l'utilisation des territoires agricoles[85] changent profondément le contexte de nos recherches. Nous formulons une hypothèse majeure : pour modifier les émissions d'éléments issus de bassins Versants ou d'Alimentation agricoles, il faut instaurer une gestion territoriale collective. Cette présentation s'articule autour de cette hypothèse.

[85] Loi sur l'eau (1992), réforme de la Politique Agricole Commune (1992), loi sur les paysages (1993), nouvelle loi d'orientation agricole et la préparation des Contrats Territoriaux d'Exploitation (1999),...sans oublier la « future » loi sur l'eau (2002...)

PROPOSITION D'UN MODELE CONCEPTUEL DU PILOTAGE D'UN BASSIN

Poser l'existence d'une relation forte entre la modification des émissions d'éléments issus de bassins versants ou d'alimentation agricoles, et l'instauration d'une gestion territoriale collective apparaissent comme un enjeu majeur pour préserver les ressources en eau. Cette relation forte induit les corrélats suivants :

- les flux d'éléments dépendent essentiellement des systèmes de culture et de leurs organisations spatiales ; ils peuvent donc être pilotés ;
- tout changement de qualité des eaux émises ne peut passer que par un changement des Systèmes de Culture et/ou de leur Organisation Spatiale, ce qui induit de prendre en charge les techniques agricoles comme des objets changeants dont il faut pouvoir évaluer les devenirs possibles ;
- ce changement nécessite une coordination des acteurs mobilisant le territoire du bassin, ce qui nécessite de fournir aux acteurs (agriculteurs et leurs conseillers, gestionnaires de ressources en eau) les outils de gestion de l'avenir de ces territoires.

Nous étudierons successivement les trois pôles de ce modèle ainsi que les liaisons entre eux (voir Figure 1 de l'article de Benoît et al., *ce volume*).

ANALYSER LES PROCESSUS DE RUISSELLEMENT ET DE LIXIVIATION

DE L'EVALUATION EX-POST D'EFFETS A LEUR SIMULATION

Dans cette problématique il nous faut disposer de modèles représentant les effets sur les milieux des organisations territoriales des systèmes de culture. Dans ce but, nous pouvons envisager deux démarches :

- une démarche empirique qui s'appuie sur les mesures issues de dispositifs *in situ* élaborés avec les acquis et compétences d'agronomes étudiant le milieu physique ;
- une démarche de modélisation des flux d'éléments issus des parcelles agricoles : à titre d'exemple, LIXIV-STICS[86], AGRIFLUX pour les nitrates, STREAMS (Souchère V., 1995 [87] ; Souchère V. et al., 1998[88]) pour le ruissellement, PESTIFLUX pour les contaminants phytosanitaires. Les améliorations de ces modèles sont de nouveaux atouts pour cette démarche.

L'enjeu essentiel pour l'avenir est de pouvoir dépasser l'étape descriptive des relations Techniques - Flux d'eau et de matières, pour parvenir à simuler les effets d'évolutions d'organisations territoriales des systèmes de culture sur les ressources en eau.

Des **réseaux de parcelles** installés sur des sites d'étude pérennes sont les dispositifs à privilégier pour disposer de données permettant de valider les améliorations portées aux modèles de simulation. Ces dispositifs peuvent être soit implantés chez des agriculteurs qui co-construisent alors nos

---

[86] LIXIV-STICS est un ensemble de modèles évaluant les lixiviations nitriques au sein de modèles simulant les comportements culturaux en cours de développement à l'INRA par les chercheurs du département Environnement - Agronomie.

[87] Souchère V. (1995) Modélisation spatiale du ruissellement à des fins d'aménagement contre l'érosion de talweg ; application à des petits bassins versants en Pays de Caux, Thèse de l'INA P-G, 196 pp. + annexes.

[88] Souchère V., King D., Daroussin J., Papy F. and A. Capillon (1998) Effect of tillage on runoff directions: consequences on Runoff contributing area within agricultural catchments, Journal of Hydrology, 206, 256-267.

références de recherche, soit implantés dans des unités expérimentales assurant la pérennité de ces dispositifs d'observation environnementale. Dans le cas d'une implantation chez des agriculteurs, la gestion en est plus lourde, mais cette localisation permet d'associer un rôle de sensibilisation - information des agriculteurs concernés à celui de production de connaissances scientifiques.

PROPOSITION D'UN DISPOSITIF POUR DIAGNOSTIQUER LES RISQUES DE DEGRADATION DE LA QUALITE DE L'EAU

a) Mise au point d'un tableau régional représentant la diversité des systèmes de culture

L'enjeu de cette thématique est de réaliser des évaluations de qualité d'eau sous un échantillon de systèmes de culture représentatif des systèmes de culture de la région d'étude choisie.

A partir de nos expériences de recherche, nous proposons deux méthodes pour connaître la diversité des situations où instruire les mesures en parcelles :

- le traitement d'enquêtes exhaustives dans les exploitations utilisant le territoire de bassins (versants ou d'alimentation ; Benoît et al., 1997[89]) ;
- la fouille de données statistiques existantes : enquêtes Terruti et enquêtes sur les pratiques culturales

[89] Benoît, M., Deffontaines J. P., Gras F., Bienaimé E. et R. Riela-Cosserat (1997) Agriculture et qualité de l'eau- Une approche interdisciplinaire de la pollution par les nitrates d'un bassin d'alimentation, Cah. Agricultures, 6, 97-105.

(Regnard, 1996[90] ; Benoît et al., 2001[91] ; Heydel et al., 1997b[92]).

Le produit de ce travail est un tableau instantané des types de systèmes de culture croisé par les principaux types de milieux (sols, climats ; Morlon et Benoît, 1990[93]). Ces tableaux sont ensuite utilisés pour évaluer le biais entre les situations suivies en parcelles instrumentées et l'ensemble des parcelles des entités hydrauliques étudiées.

b) Mise au point de méthodes de suivis des flux d'azote en parcelles agricoles

Les mesures *in situ* sont les moyens les plus efficaces pour évaluer les flux produits par divers systèmes de culture, et également pour valider les modèles disponibles en confrontant ces modèles à une diversité de situations technico – pédo - climatiques. Certains modèles dynamiques commencent à couvrir une gamme de cultures et de situations culturales croissante. Leurs tests et calibrages seront quoiqu'il en soit possible si nous disposons de mesures *in situ* de qualité.

---

[90] Regnard C. (1996) Constitution d'un observatoire de la qualité des eaux issues des systèmes de culture lorrains à partir de parcelles drainées sélectionnées chez les agriculteurs. Mémoire de fin d'études sous la direction de M. Benoît, ISA de Beauvais, INRA Mirecourt, 47 pp. + annexes.

[91] M. Benoît, Le Ber F. et J.-F. Mari (2001) Recherche des successions de cultures et de leurs évolutions : analyse des données Terruti en Lorraine, AGRESTE VISION, La statistique agricole, n° 31, 23--30.

[92]Heydel L., Benoît M. et M. Schiavon (1997) Estimation des apports de produits phytosanitaires à l'échelle de bassins d'alimentation, Agronomie, 17, 25-33.

[93] Morlon P. et M. Benoît (1990) Étude méthodologique d'un parcellaire d'exploitation agricole en tant que système, Agronomie, Elsevier Inra, 6, 499-508.

Les parcelles d'Unités Expérimentales sont alors utilisées comme base de mise au point de ces dispositifs, d'étalonnage de ces dispositifs par rapport aux dispositifs antérieurs, puis d'acquisition régulière de données (suivis). Les dispositifs validés sont ensuite implantables en parcelles d'agriculteurs positionnées dans les bassins où s'instruit l'évolution de l'agriculture pour préserver les ressources en eau.

Ces suivis parcellaires sont mis en place sur des parcelles d'agriculteurs pour le moyen terme, ces sites de "quasi expérimentation" permettant d'obtenir une variabilité des milieux physiques et des systèmes techniques investigués. Les Unités Expérimentales sont alors mises à contribution comme équipes de mesure en continu sur les parcelles d'agriculteurs, de techniques mises en œuvre et de prélèvements d'échantillons de solutions du sol.

Les principaux dispositifs (Gaury, 1992[94]) mis en œuvre sont :

- les parcelles drainées (Arlot, 1999[95] ; Zimmer, 1989[96]), déjà mobilisées par P. Sabatier en 1890 dans son traité élémentaire de chimie agricole ;
- les sites à bougies poreuses (Benoît et al., 1995[97]), introduites à cet usage dès 1968 par Féodorov et Ballif[98] ;

---

[94] Gaury F. (1992) Systèmes de culture et teneurs en nitrates des eaux souterraines ; dynamique passée et actuelle en région de polyculture - élevage sur le périmètre d'un gîte hydrominéral, Thèse de Doctorat, ENSA Rennes, soutenue le 22 juin 1992, 229 pp. + annexes.

[95] Arlot M.P. (1999) Nitrates dans les eaux : drainage acteur, drainage témoin ? Les enseignements d'une approche hydrologique et hydraulique, Cemagref, Univ. PARIS VI, Thèse de Doctorat, 374 pp.

[96] Zimmer D. (1989) Transferts hydriques en sols drainés par tuyaux enterrés. Compréhension des débits de pointe et essai de typologie des schémas d'écoulement. Centre d'Etude du Machinisme Agricole et du Génie Rural des Eaux et Forêts, Série Hydraulique Agricole (5), Antony, 305 pp. +annexes.

- les lysimètres (Ballif et Muller, 1990 [99]).

Actuellement, ces dispositifs permettent de comparer les effets sur les ressources en eau de systèmes techniques choisis pour les enjeux qu'ils portent en terme de développement local et d'identifier les principales techniques à l'origine des risques majeurs de pollution (Benoît, 1994[100] ; Benoît et al., 1995[101]; Heydel et al., 1999[102]).

PERSPECTIVES POUR L'ANALYSE DES PROCESSUS

Ces questionnements sur l'échantillonnage des sites à instrumenter, leur équipement à long terme sans artefact avec les pratiques agricoles, relance l'intérêt d'une réflexion collective sur les relations entre les expérimentations et les suivis en exploitations. L'enjeu essentiel est de pouvoir dépasser l'étape descriptive actuelle pour parvenir à maîtriser les simulations des effets des évolutions d'organisations territoriales des systèmes de culture sur les ressources en eau.

---

[97] Benoît M., Saintôt D. et F. Gaury (1995) Mesures en parcelles d'agriculteurs des pertes en nitrates : variabilité sous divers systèmes de culture et modélisation de la qualité de l'eau d'un bassin d'alimentation, C.R. Acad. Agric., 81(4), 175-188.

[98] Féodoroff A. et J. L. Ballif (1969) Étude de l'infiltration de la pluie *in situ* à l'aide de tensiomètres, Ann. Agron., 20 (5), 475-504.

[99] Ballif J. L. et J. C. Muller (1990) Les bougies poreuses et les lysimètres, Perspectives Agricoles, 144, 72-81.

[100] Benoît M. (1994) Risques de pollution des eaux sous prairie et sous culture. Influence des pratiques d'apport d'engrais de ferme, Fourrages, 140, 407-420.

[101] Benoît M., Saintôt D. et F. Gaury (1995) op. cit.

[102] Heydel L., Benoît M. et M. Schiavon (1999) Reducing atrazine leaching by integrating reduced herbicide use with mechanical weeding in corn (zea mays), European Journal of Agronomy , 11, 217-225.

Cette réflexion, menée complètement sur les lixiviations nitriques, montre les limites de la modélisation pour les contaminations phytosanitaires. Ne disposant à ce jour d'aucun modèle dynamique des contaminations, la seule solution pour instruire cette question reste la mesure *in situ.* Les travaux récents ont montré l'intérêt et le domaine de validité des sites implantés et ainsi permettent d'envisager leur utilisation bien au-delà du seul paramètre nitrate, en particulier pour évaluer les risques de contamination par les résidus phytosanitaires (Perrin-Ganier et al., 1996[103] ; Heydel, 1998 ; Heydel et al., 1999[104]).

La réflexion doit se poursuivre sur deux questions principales :

- comment échantillonner dans la diversité des systèmes de culture actuelle et prévisible, ceux qui seront l'objet d'une évaluation des qualités d'eau qu'ils contribuent à produire ?
- comment mettre en œuvre des dispositifs de mesure *in situ* satisfaisants pour les contraintes de recherche et n'induisant pas d'artefacts pour les agriculteurs chez qui ils sont implantés ?

ANALYSER LES ACTIVITES DES UTILISATEURS DU TERRITOIRE

Jusqu'aujourd'hui, et dans une très large gamme de situations françaises, le contexte économique et juridique conduit les agriculteurs à avoir **des logiques productives et individuelles**. Productives, car elles conduisent à ne prendre

[103] Perrin-Ganier C., Portal J.-M., Benoît M. et M. Schiavon (1996) Monitoring isoproturon leaching in the field by drainage and porous cup sampling, Chemosphere, Vol. 32, N°10, 2043-2048.

[104] Heydel L., Benoît M. et M. SChiavon (1999) op. cit.

en considération les dégâts que dans la mesure où ils affectent la production. Individuelles, car elles se traduisent par une gestion de l'espace, limitée au territoire de l'exploitation, et donc sans tenir compte de la continuité des phénomènes bio-chimico-physiques en jeu.

MODELISER LA LOCALISATION DES SYSTEMES DE CULTURE

Comme au sein de l'exploitation les ressources productives que sont la surface, le travail, les équipements, etc., sont limitées, les systèmes de culture, les conduites des différents troupeaux résultent d'une coordination des actions, interne à l'exploitation agricole, qui consiste à distribuer les ressources entre les différentes activités (Benoît, 1985[105] ; Papy et al., 1988[106] ; Guérin et Bellon, 1989[107]; Dedieu, 1993[108] ; Aubry, 1995 [109]; Aubry et al., 1998[110]). Les modélisations qui tentent de

---

[105] Benoît M. (1985) La gestion territoriale des activités agricoles : l'exploitation et le village, deux échelles d'analyse en région d'élevage, Thèse de Docteur Ingénieur INA-PG « Sciences Agronomiques », 152 pp. + annexes.

[106] Papy F., Attonaty J. M., Laporte C. and L. G. Soler (1988) Work organization simulation as a basis of farm management advice, Agric. Systems, 27, 295-314.

[107]Guerin G., et S. Bellon (1989) Analyse des fonctions des surfaces pastorales en régions méditerranéennes, Étud. Rech. Syst. Agraires Dév., 17, 147-157.

[108]Dedieu B. (1993) Organisation du travail et fonctionnement d'exploitations d'élevage extensif du Massif Central, Étud. Rech. Syst. Agraires Dév., 27, 303-322.

[109] Aubry C. (1995) Gestion de la sole d'une culture dans l'exploitation agricole ; cas du blé d'hiver en grande culture dans la région picarde, Thèse de l'INA P-G, 271 pp.

[110] Aubry C., Biarnès A., Maxime F. et F. Papy (1998) Modélisation de l'organisation technique de la production dans l'entreprise agricole : la constitution des systèmes de culture, *in* Brossier J., Bent B. (Eds), *Gestion des*

reproduire les pratiques au sein d'une exploitation ont trouvé un nouveau développement avec les outils de l'intelligence artificielle qui permettent de formaliser des règles d'organisation (Le Ber et Benoît, 1998[111] ; Le Ber et al., 1998[112]).

Mais les questions de préservation des ressources en eau conduisent les agronomes à des investigations sur des territoires qui dépassent celui de l'exploitation agricole (Benoît, 1985[113] ; Thenail, 1996[114] ; Benoît et Papy, 1999 [115]; Papy, 1999[116]). Pour aborder ces questions, l'agronomie ne peut limiter l'évaluation qu'elle fait des systèmes de culture aux seuls objectifs de production et de préservation de l'aptitude à produire. Ces nouvelles questions modifient les critères de jugement et élargissent le champ du diagnostic aux effets des systèmes de culture sur l'ensemble de l'écosystème (Benoît, Papy, 1999[117]; Lemaire et Meynard, 1999 [118]; Steyaert et Papy,

---

exploitations et des ressources rurales – Farm and Rural Management, Étud. Rech. Syst. Agraires Dév., n°31, 25-43.

[111] Le Ber F. et M. Benoît (1998) Modelling the spatial organisation of land use in a farming territory; example of a village in the plateau lorrain, Agronomie, 18, 101-103.

[112] Le Ber F., Dury A. et V. Chevrier (1998) Un modèle multi-agents pour la simulation en agronomie : usages et comparaisons, *in Systèmes multi-agents, de l'interaction à la socialité*, JFIAD-SMA 98. LORIA, 11-24.

[113] Benoît M. (1985) op. cit.

[114] Thenail C. (1996) Exploitations agricoles et territoires : contribution à la structuration de la mosaïque paysagère, Thèse Univ. Rennes I, 382 pp.

[115] Benoît M. et F. Papy (1999) La place de l'agronomie dans la problématique environnementale, Dossier de l'environnement, 17, 53-62.

[116] Papy F. (1999) Agriculture et organisation du territoire par les exploitations agricoles : enjeux, concepts, questions de recherche, C. R. Acad. Agric. Fr. 85, n°7, 233-244.

[117] Benoît M. et F. Papy (1999) op. cit.

1999[119]). Les agronomes doivent désormais aborder le fonctionnement écologique d'un territoire cultivé suivant les conséquences qu'il a sur les grands cycles biochimiques et sur les populations animales et végétales (Martin et Meynard, 1997[120] ; Mignolet et al., 1997 [121]; Burel et Baudry, 1999[122]).

Ces nouveaux objectifs de l'agronomie impliquent des études où l'on aborde le temps dans toute sa continuité et, en particulier, où l'on étudie plus que par le passé les périodes d'inter-culture (Martin, 1999[123]). Ils demandent également d'autres échelles d'espace. La maîtrise des flux hydrologiques conduit à aborder les effets de cumul et de voisinage. Le bassin hydrologique, par exemple, est l'unité spatiale où l'on peut étudier les effets des systèmes de culture et de leur distribution spatiale sur l'érosion, la qualité de l'eau... (Gaury, 1992[124]; Souchère, 1995[125]; Benoît et Papy, 1997[126]). La conservation de

---

[118] Lemaire G. et J. M. Meynard (1999) Commentaires sur « La place de l'agronomie dans la problématique environnementale », Dossier de l'Environnement, 17, 63-66.

[119] Steyaert P. et F. Papy (1999) Contribution de l'agronomie à l'évaluation des opérations locales agri-environnementales, Econ. Rurale, 249, 49-54.

[120] Martin P. et J. M. Meynard (1997) Systèmes de culture, érosion et pollution des eaux par les nitrates, *in* Riou C. et al. (Eds) *L'eau dans l'espace rural*, INRA éditions, 303-322.

[121] Mignolet, C., Benoît M. et M. Saintôt (1997) Systèmes d'élevage et risque de pollution azotée : construction d'un indicateur de risque et application dans la plaine des Vosges, INRA Prod. Animales, 10, 275-285.

[122]Burel F. et J. Baudry (1999) Ecologie du paysage : concepts, méthodes et applications, Lavoisier Tec & Doc. Paris, 392 pp.

[123] Martin P. (1999) Reducing flood risk from sediment-laden agricultural runoff using intercrop management techniques in northern France, Soil and tillage research, vol. 52, n° 3-4, 233-245.

[124] Gaury F. (1992) op. cit.

[125] Souchère V. (1995) op. cit.

biotopes conduit à étudier la compatibilité entre des objectifs de production et de maintien de milieux humides, de haies, de bords de champs…

En définitive, l'évaluation des systèmes de culture (et de pâturage) doit être multicritères et tenir compte des interactions entre systèmes de culture et structures paysagères, notamment les formes du parcellaire (Souchère et al., 1998[127]). La conception de nouveaux systèmes doit coordonner sur un territoire, constitué d'exploitations voisines, des actions de culture et d'aménagement. C'est là un champ d'investigation nouveau pour les agronomes et zootechniciens.

Cependant les questions posées à l'agronomie ne se limitent pas à l'évaluation et à la conception locale de nouveaux systèmes de culture. Pour orienter leurs politiques environnementales, les collectivités territoriales, la puissance publique, ont besoin d'investigations à des échelles plus petites que celles auxquelles interviennent le plus souvent les agronomes. C'est pourquoi nous avons fait des emprunts à la géographie. Classiquement cette discipline repère et explique la distribution spatiale des activités humaines à des échelles très différentes. Mais, si elle décrit et classe les paysages agraires, elle s'est relativement peu intéressée aux processus techniques qui les produisent et les font évoluer (Sigaut, 1981[128] ; Bonnamour, 1993[129]). Deffontaines (1996 a[130] ; 1996 b[131]) a

---

[126] Benoît M. et F. Papy (1997) Pratiques agricoles et qualité de l'eau sur le territoire alimentant un captage, *in* Riou C. et al. (Eds) *L'eau dans l'espace rural*, INRA éditions, 323-338.

[127] Souchère V., King D., Daroussin J., Papy F. et A. Capillon (1998) op. cit.

[128] Sigaut F. (1981) Pourquoi les géographes s'intéressent-ils à tout sauf aux techniques ? L'espace géographique, 4, 291-293.

[129] Bonnamour J. (1993) Géographie rurale, position et méthode, Recherches en Géographie, Masson, 134 pp.

développé une démarche de « géo-agronomie » qui a pour objet d'étudier la distribution spatiale des pratiques agricoles à une échelle régionale. Un concept important a été défini dans cette perspective (Thinon et Deffontaines, 1999[132]) : « l'unité agro-physionomique » (UAP). Il s'agit d'un motif d'espace particulier qui se repère en différentes zones d'un espace géographique par un ensemble de caractéristiques traduisant un usage agricole homogène à l'échelle considérée[133]. Parce qu'il est défini à une échelle compatible avec les espaces de fonctionnement écologique et hydrologique, ce concept est pertinent pour étudier les effets des pratiques sur ces fonctionnements. Il peut également aider à raisonner des recommandations différenciées dans l'espace si on lui associe des typologies spatialisées de fonctionnement d'exploitations (Soulard, 1999[134] ; Mignolet et Benoît, 1999[135]).

---

[130] Deffontaines, J. P. (1996a) Du paysage comme moyen de connaissance de l'activité agricole à l'activité agricole comme moyen de production du paysage ; l'agriculteur producteur de paysage: un point de vue d'agronome, C.R. Acad. Agric. Fr., 82, 57-69.

[131] Deffontaines, J. P. (1996b) Enjeux spatiaux en agronomie, C.R. Acad. Agric. Fr., 82, 5-14.

[132] Thinon P. et J. P. Deffontaines (1999) Partitions de l'espace rural et gestion de problèmes environnementaux ; proposition de découpage du territoire dans le Vexin français, Cahiers Agricultures, 8, 373-387.

[133] Il faut bien distinguer un type d'UAP (un motif particulier) de son occurrence (une portion d'espace continu à laquelle on affecte un type d'UAP).

[134] Soulard C. T. (1999) Les agriculteurs et la pollution des eaux ; proposition d'une géographie des pratiques, Thèse Paris I Sorbonne, 359 pp. + annexes.

[135] Mignolet C. et M. Benoït (1999) Les proximités géographiques créent-elles des proximités fonctionnelles ? Cas des types d'exploitations vosgiennes, Communication aux deuxièmes journées sur la Proximité, 19-20 mai, Toulouse.

Quelques exemples de logiques de localisation de systemes techniques

(i) la **corrélation spatiale** des systèmes de culture agressifs avec les bassins d'alimentation des ressources en eau est un critère déterminant pour aborder en Lorraine la question de la pollution des eaux souterraines. En effet, un agriculteur lorrain qui dispose de terres perméables (revers de cuestas, plateaux calcaires) y pratique les cultures les plus exigeantes en terme de portance des sols (maïs, colza, céréales d'hiver). Il y concentre les apports de déjections animales (terrains portants pendant la période hivernale de production des déjections). Ces terrains sont perméables, et la probabilité est forte qu'ils participent ainsi à la pollution des eaux souterraines.

(ii) les **déjections animales** représentent une part importante dans les bilans d'éléments fertilisants. Le travail de recherche a consisté à diagnostiquer les pratiques à risque, puis à modéliser l'introduction de changements de pratiques tels que le compostage des fumiers[136] (Küng-Benoît, 1992[137] ; Benoît, 1994[138]).

(iii) parmi les cultures pratiquées, les **conduites du maïs fourrager et du colza** se sont avérées problématiques (Benoît et al., 1995[139]). En effet, la combinaison des quotas laitiers (diminution du nombre de vaches par élimination des animaux les moins productifs et développement des ateliers de taurillons), du marché des génisses pleines ("pari d'un marché

---

[136] Cette pratique permet à la fois un épandage à plus faible dose et une meilleure répartition spatiale entre les parcelles de l'exploitation. Il permet notamment des apports sur les prairies permanentes, fauchées et pâturées.

[137] Küng-Benoît A. (1992) Réduction de la pollution nitrique : exemple d'un diagnostic en Lorraine, Fourrages , 131, 235-250.

[138] Benoît M. (1994) op. cit.

[139] Benoît M., Saintôt D. et F. Gaury (1995) op. cit.

génétique") et des incitations à la culture de colza industriel, a entraîné un développement important de ces cultures. Les parcelles "favorables" à la culture du maïs et du colza étant limitées dans les exploitations, on assiste à un accroissement des surfaces en monoculture de maïs, à une réduction des temps de retour du colza sur la même parcelle et à une concentration des apports de déjections animales sur ces surfaces. Actuellement, nous pouvons établir un lien empirique moyen entre ces cultures et un risque de pollution nitrique. Ce lien permet de disposer d'indicateurs de risques de pollution nitrique (Mignolet et al., 1999[140]) Cependant, nos recherches montrent que cette relation peut être améliorée par modification des conduites de ces cultures.

ANALYSER LES COORDINATIONS D'ACTEURS DANS LE BASSIN

La maîtrise des flux d'éléments (ruissellement érosif, nitrates, résidus phytosanitaires) nécessite des coordinations de systèmes de culture entre exploitations agricoles voisines. Mais, **imaginer un aménagement collectif de l'espace est un défi** car :

- cette gestion environnementale est commandée par les processus biophysiques à maîtriser ;
- elle ne laisse aux acteurs aucune liberté du choix du partenaire avec qui coopérer.

Le domaine de l'eau illustre particulièrement la question de l'organisation locale de systèmes de gestion collective d'une ressource :

[140] Mignolet C., Thénard V., Benoît M., Anfrie M.-N., Foissy D., Grosse M. and J.-M. Trommenschlager (1999) Livestock farming systems and sustainable drinking water production: proposition of risk indicators at different organizational levels, Livestock Production Science, 61, 307-313.

- d'une part, la loi sur l'eau du 3 janvier 1992 cherche explicitement à renforcer la décentralisation des décisions et à impliquer les acteurs locaux dans la gestion de l'eau, en proposant la procédure des SAGE ;
- d'autre part, on observe l'existence ou l'émergence de nombreux dispositifs spécifiques de gestion collective de l'eau, basés sur la concertation, au plan local.

La question centrale est alors : comment la concertation est-elle organisée dans ces différents types de dispositifs ?

MODES D'UTILISATION DE LA PROCEDURE DE SAGE ET PRATIQUES DE NEGOCIATION DANS DES SITUATIONS METTANT PARTICULIEREMENT EN CAUSE L'AGRICULTURE

La procédure de SAGE s'inscrit dans le cadre des nouvelles formes de « politique procédurale » (Lascoumes, 1997[141]) qui se développent en France. Par rapport aux politiques traditionnelles produites par une autorité centralisée, garante de l'intérêt général et qui définit les buts poursuivis et les moyens de les atteindre, les politiques procédurales se caractérisent par des objectifs définis en des termes très généraux et dont le sens reste à produire, donc comme un cadre très souple, à l'intérieur duquel de nombreux acteurs vont être amenés à se concerter pour trouver des solutions à des problèmes qu'ils auront eux-mêmes définis.

La procédure de SAGE, telle qu'elle a été définie par la loi du 3 janvier 1992, se veut ainsi un outil innovant permettant la mise en œuvre d'une gestion équilibrée de la ressource en eau (qui concilie donc développement socio-économique et préservation des milieux aquatiques), en organisant la gestion

[141] Lascoumes P. (1997) La gouvernabilité, Presse Univ. de France, Paris.

partenariale de l'eau à l'échelle la plus petite ayant un sens sur le plan hydraulique, c'est-à-dire à l'échelle du bassin versant. Elle s'appuie sur :

- la définition d'un territoire respectant à la fois des critères de cohérence physique et des critères de cohérence socio-économique (le périmètre du SAGE);
- la mise en place d'une instance de concertation (la CLE), où siègent trois collèges (services de l'État, collectivités territoriales et usagers) dans des proportions fixées par la loi ;
- l'élaboration et l'approbation d'un schéma, en six étapes explicitées dans un « guide méthodologique » proposé par le Groupe Inter-Bassins.

Les différents types de raisons qui amenaient les acteurs locaux à vouloir élaborer un SAGE et les difficultés d'utilisation de cette procédure ont été analysés par l'équipe du CERGRENE, à partir de cas concrets (Greff et Hubert, 1996[142]), les résultats de ce travail ayant donné lieu à un séminaire national avec le Groupe Inter-Bassins, en septembre 1997[143].

D'autres auteurs (Latour et Le Bourhis, 1995[144] ; Le Bourhis, 2000[145]) ont souligné les problèmes que posait la

---

142 Greff B. et G. Hubert (avril 1996) Étude et suivi de l'élaboration de quelques SAGE entre 1993 et 1995, CEGRENE, Paris.

143 Agences de l'Eau, CERGRENE, Conseil Supérieur de la Pêche, Ministère de l'Aménagement du Territoire et de l'Environnement, 1998 – Les SAGE, Premiers retours d'expérience, *Actes du séminaire national des 4 et 5 novembre 1997 à Saint-Ouen*, Février 1998, 99 pp. + annexes.

144 Latour B. et J.-P. Le Bourhis (juin 1995) Donnez-moi de la bonne politique, je vous donnerai de la bonne eau… Rapport sur la mise en place des CLE, CSI, Paris.

délimitation *a priori* d'un territoire (sans projet défini au préalable et ne correspondant pas forcément à un territoire organisé du point de vue des structures de gestion), et cherchent à préciser les conditions de définition et de stabilisation de l'unité sociopolitique d'un tel territoire (Lascoumes et Le Bourhis, 1998[146]).

Ce sont des auteurs comme Salles et Zelem (1997)[147] qui se sont le plus directement intéressés au déroulement d'un processus social dans le cadre d'une procédure visant à améliorer la gestion de la ressource en eau, mais dans le cas des contrats de rivière et non des SAGE : ils ont notamment analysé les réticences des élus face à ce type de procédure et les problèmes de coordination administrative. Concernant le processus de négociation lui-même, ils ont mis en évidence les difficultés de construction de diagnostics partagés du fait de la diversité des représentations sociales en présence et les difficultés de définition d'objectifs d'action, ainsi que la nécessité de s'appuyer sur une structure de coopération préexistante ou sur une personnalité jouant le rôle d'« intégrateur ».

A l'avenir, il apparaît central d'analyser la manière dont s'organise un système local de gestion collective de la ressource en eau, dans le cadre d'une procédure basée sur la concertation comme celle d'un SAGE, en considérant celle-ci comme un processus complexe de décisions et d'actions, qui se déroule à

---

[145] Le Bourhis J.-P. (2000) Les Commissions Locales de l'Eau : quelques remarques sur la mise en œuvre d'un dispositif de planification négocié, *in* Dérioz P., Larcena D., Marié M. (Eds), *Cultures techniques de l'eau et régulation à l'échelle régionale ; le cas de la Provence*, L'Harmattan, Paris.

[146] Lascoumes P. et J.-P. Le Bourhis (1998) Le bien commun comme construit territorial ; identités d'action et procédures, *in Politix : Revue des sciences sociales du politique*, n°42, 2d trimestre, 37-66.

[147] Salles D. et M.-C. Zelem (avril 1997) Processus de négociation des contrats de rivière dans le bassin Adour - Garonne. CERTOP-CNRS / GIS ECOBAG, 109 pp.

différentes échelles de temps, d'espace et d'organisation, et où interagissent différents acteurs dans le but d'atteindre des fins partagées (March, 1994[148] ; Faure et al., 1998[149]).

Dispositifs locaux innovants de gestion collective de la ressource en eau concernant l'agriculture

Sur le terrain, on observe, en marge des procédures proposées par les pouvoirs publics, l'existence ou l'émergence de nombreux dispositifs locaux de gestion collective de la ressource en eau, basés sur la concertation :

- certains sont récents, comme la Commission Neste (Garin et al., 1998[150]), les opérations volontaires de type Ferti-Mieux, ou Irri-Mieux (Allain S., 1998a[151]) ;
- d'autres ont une histoire ancienne, comme la Commission Exécutive de la Durance (Allain, 1998b[152]).

148 March J. G. (1994) A primer on decision making; how decision happen, The Free Press, New York.

149 Faure G. O., Mermet L., Touzard H. et Ch. Dupont (1998) La négociation : situations et problématiques, Nathan, Paris, 207 pp.

150 Garin et al. (1998) op. cit.

151 Allain S. (1998a) Construction de règles locales de gestion collective de l'eau en France : analyse de cas concrets et nouveaux axes de recherche, Communication au Colloque de la Société Française d'Économie Rurale, *L'irrigation et la gestion collective de la ressource en eau en France et dans le Monde*, Montpellier, 19-20 novembre.

152 Allain S. (1998b) Etudes de cas : Sèvre niortaise, Boutonne, Vallée de la Drôme, Plaine de la Crau, Lauragais audois, Rapport pour le comité scientifique de l'opération Irrimieux, ANDA, Paris, 116 pp.

On considère que la mise en place de telles solutions peut s'analyser comme un « processus d'innovation sociotechnique » (Flichy, 1995[153]) où se mêlent étroitement élaboration de nouveaux systèmes techniques agricoles et émergence de nouveaux modes de coordination au sein de la profession agricole comme entre celle-ci et les autres acteurs locaux. A titre d'exemple, nous pouvons citer :

- des sites où c'est la qualité de l'eau qui est en jeu (gestion du périmètre de Vittel par Agrivair, Deffontaines et al., 1993 ; la création de la CUMA « l'eau vive » sur le Haut-Saintois, Küng-Benoît, 1992 ; le remembrement afin de rassembler les propriétés communales dans le bassin d'alimentation à Xermaménil, Meurthe-et-Moselle);
- d'autre part, des situations où c'est la protection de la ressource en eau d'un point de vue quantitatif qui est en jeu (Poitou-Charentes, notamment).

Des travaux réalisés (Raulet-Crozet, 1995[154] ; Lémery et al., 1997[155] ; Barbier, 1998[156]) cherchent à comprendre comment

---

[153] Flichy P. (1995) L'innovation technique ; récents développements en sciences sociales vers une nouvelle théorie de l'innovation, La Découverte, Paris.

[154] Raulet-Crozet N. (1995) Du conflit à la coopération : un processus de structuration, le cas de la protection d'eau minérale vis-à-vis de pratiques agricoles, Thèse en sciences de gestion, Univ. Paris - Dauphine, CRG-INRA-SAD.

[155] Lémery B., Couix N., Barbier M. et S. Cartier (1997) Agriculture et environnement : jeux d'acteurs, émergence de nouvelles formes d'organisation et recherche de coordination sur les espaces ruraux, *in* Allaire G., Hubert B., Langlet A. (Eds), *Nouvelles fonctions de l'agriculture et de l'espace rural*, Enjeux et défis identifiés par la recherché, INRA, Paris.

[156] Barbier M. (1998) Recherche et inventions d'une situation de gestion d'un risque de nuisance ; d'une étude de cas à une recherche – intervention, Thèse en sciences de gestion, Université de Lyon III, INRA-SAD.

émergent et fonctionnent de nouveaux dispositifs organisationnels pour permettre de nouvelles formes de concertation entre acteurs locaux et assurer l'élaboration et la mise en œuvre de nouveaux cahiers des charges, en précisant le rôle de la recherche dans ces processus d'innovation. Par ailleurs, il s'agit d'analyser comment s'élaborent (et se modifient) concrètement ces cahiers des charges dans un processus de négociations où les connaissances scientifiques et techniques vont jouer un rôle important, mais devront être à la fois simplifiées, extrapolées et « hybridées » entre elles et avec d'autres formes de savoirs (expertise, savoirs vernaculaires...) pour permettre la mise au point d'une solution utilisable. La proposition récente de « tour de bassin » vise à créer une méthode d'échanges entre acteurs pour construire ces situations de négociation (Benoît et al., 2001[157]).

Plusieurs travaux ont montré que la mise en place d'un processus de concertation entre la profession agricole et d'autres acteurs locaux pour mieux gérer la ressource en eau passe par l'élaboration de nouveaux dispositifs organisationnels permettant par exemple de représenter les intérêts de la profession agricole dans d'autres instances (syndicats et coopératives d'irrigants en Poitou-Charente ; Allain, 1998[158]), d'assurer la mise en œuvre des changements techniques par des actions de conseil (société Agrivair, filiale de Vittel SA) ou de remplir de nouvelles fonctions techniques (CUMA « l'Eau Vive » dans le Haut-Saintois, permettant de traiter et de gérer de façon collective le compostage des fumiers à l'échelle de 16 exploitations ; INRA, 1997[159]).

---

[157] Benoît M., Bernard P. Y., Kûng-Benoït A. et P. Lemaire (2001) Le tour de bassin : une méthode interactive de communication pour la préservation de la qualité des ressources en eau, Courrier de l'environnement de l'INRA, 42, 79-82.

[158] Allain S. (1998) op. cit.

[159] INRA (1997) Vittel, Les Dossiers de l'Environnement de l'INRA, INRA, n°14, 78 pp.

Les enjeux pour demain sont:

- d'identifier plus précisément ces nouveaux dispositifs organisationnels jouant le rôle de relais dans le processus d'innovation sociotechnique en jeu (Akrich et al., 1988 a et b[160]) ;
- de comprendre les raisons de leur émergence (en particulier, en analysant celles-ci par rapport aux rôles remplis ou non par les dispositifs existants) et celles de la forme organisationnelle spécifique adoptée (syndicat, coopérative, CUMA…) ;
- d'analyser les rôles et les modes de fonctionnement de ces dispositifs (notamment, par rapport aux rôles et aux modes de fonctionnement « classiques » d'un syndicat, d'une coopérative, d'une CUMA…) ;
- d'aider à la construction d'indicateurs mobilisés par les acteurs (Mignolet et al., 1999[161]).

Il nous semble important d'accorder une attention particulière aux dispositifs créés par la profession agricole, en distinguant ceux qui résultent d'une mobilisation des agriculteurs eux-mêmes (Ruault, 1996[162]), de ceux qui traduisent des modifications dans le dispositif général de développement agricole local.

---

160 Akrich M., Callon M. et B. Latour (1988a) A quoi tient le succès des innovations. Premier épisode : L'art de l'intéressement, Annales des Mines, 4-17.

Akrich M., Callon M. et B. Latour (1988b) A quoi tient le succès des innovations ; deuxième épisode : l'art de choisir les bons porte-paroles, Annales des Mines, 14-29.

161 Mignolet C., Thénard V., Benoît M., Anfrie M.-N., Foissy D., Grosse M. et J.-M. Trommenschlager (1999) op. cit.

162 Ruault C. (1996) L'invention collective de l'action ; initiatives de groupes d'agriculteurs et développement local, L'Harmattan, Paris, 255 pp.

Pour comprendre comment se construisent un diagnostic partagé entre acteurs locaux et de nouvelles règles acceptées par tous, il convient d'accorder une attention particulière :

- à la manière dont se stabilisent des représentations communes sur différents « objets » physiques (Deverre, 1996[163]) ;
- à la façon dont sont mobilisées et transformées des connaissances scientifiques et techniques, pour « s'hybrider » entre elles et avec d'autres types de savoirs (Soulard, 1999[164]).

Un axe de recherche spécifique sur ce dernier point porte sur la mise au point d'outils d'aide à la négociation, à partir de la formalisation reposant sur les systèmes multi-agents (Bousquet et al., 1997[165] ; Barreteau, 1998[166]).

CONCLUSIONS

En guise de conclusion, nous reprenons deux points de vue : celui de l'enjeu des dynamiques d'assolements pour les agronomes, et celui de la profession agricole face à la gestion des ressources en eau.

Pour les agronomes, l'élaboration d'innovations territoriales pour protéger les ressources naturelles s'inscrit face à trois enjeux à gérer :

---

163 Deverre C. (1996) La nature mise au propre dans la steppe de Crau et la forêt du Var, Études Rurales, 45-61.

164 Soulard C.T. (1999) op. cit.

165 Bousquet F., Barreteau O., Mullon C. et J. Weber (1997) op. cit.

166 Barreteau O. (1998) Un système multi-agents pour explorer la viabilité des systèmes irrigués : dynamiques des interactions et modes d'organisation, Thèse de doctorat, ENGREF, 260 pp. + annexes.

- comment créer des indicateurs de risque encourus par les ressources en eau sous les systèmes de culture actuels et à venir ?
- comment mettre au point de nouveaux systèmes de culture pour maîtriser ces risques ?
- comment conforter l'élaboration de nouveaux cahiers des charges de pratiques agricoles dans un processus de concertation, pour mieux gérer la ressource en eau ?

Les expériences récentes positionnées dans l'évolution de l'agronomie nous fournissent cinq leçons :

LEÇON 1 :

Le territoire devient l'objet central des négociations posées initialement sur l'eau : ces exemples servent de support à la présentation d'un « modèle général d'innovations territoriales» où ces territoires sont vus comme des enjeux maintenant partagés entre acteurs de la société rurale et non seulement par les agriculteurs. Les interactions agriculture - collectivités locales seront à étudier avec attention par les agronomes, en y développant un point de vue d'ingénierie territoriale (Pahl and Beitz, 1996[167]).

LEÇON 2 :

L'assolement, vu comme le produit d'activités collectives, est au cœur de ces innovations territoriales. Cette relocalisation des systèmes de culture passe par deux voies de résolution: soit changer le territoire sur lequel se

[167] Pahl G. and W. Beitz (1996) Engineering design – a systematic approach, 2nd ed., Springer, Berlin.

construisent les systèmes de culture (Xermaménil, Vittel), soit changer de système de culture en ce lieu (Haut-Saintois, Vittel).

LEÇON 3 :

Mettre au point une innovation territoriale repose sur une activité prospective partagée. Ces expériences mettent en évidence la capacité des acteurs en présence, agriculteurs et gestionnaires de ressources en eau, à construire ensemble une vision prospective de petits territoires ruraux. Ces formes d'innovation s'insèrent dans le champ des prospectives territoriales locales. L'enjeu partagé par les acteurs n'est autre que de créer des conditions locales à la compatibilité agriculture/protection des ressources en eau en s'extrayant parfois des règles générales (PAC, droit rural,...) pour « sécuriser » ces innovations.

LEÇON 4 :

L'agronome tente de se situer au sein de ces innovations et de s'en distancier. Notre position d'agronome fut double : être intégré dans les interactions d'acteurs construisant ces innovations territoriales, s'en distancier par un continuel exercice d'évaluation des effets de ces innovations sur les ressources en eau. L'enjeu est effectivement d'être présent comme un acteur du changement en train de s'instruire et de maintenir un regard critique sur ce changement à l'oeuvre. Maintenir une tension *via* l'évaluation des résultats attendus sur les ressources en eau nous apparaît comme une posture utile d'agronome aidant, aussi, à résoudre des problèmes posés.

LEÇON 5 :

Le temps de réponse du bassin est souvent limité par la vitesse de changements des pratiques agricoles. Dans les trois cas étudiés, les évolutions qualitatives des ressources en eau ont été beaucoup plus marquées et surtout beaucoup plus rapides que nos hypothèses initiales. Ainsi, si les innovations territoriales permettent des changements marqués de systèmes de culture, les ressources en eau peuvent évoluer aussi rapidement en amélioration qu'elles ne s'étaient dégradées. La latence du milieu physique peut ainsi être largement inférieure à la latence des changements de pratiques.

Pour mieux comprendre et aider les **évolutions actuelles de la profession agricole** vis-à-vis d'une meilleure gestion de la ressource en eau, nous proposons deux angles d'analyse :

✓ D'une part, on observe qu'un certain nombre de pratiques et de dispositifs nouveaux émergent pour mieux gérer la ressource en eau, basés sur la concertation entre acteurs locaux :

- tout d'abord, le domaine de l'eau illustre particulièrement les nouvelles formes d'action publiques proposées en France, fondées sur une conception à la fois plus pragmatique et plus démocratique de l'intérêt général (procédure de SAGE notamment) : *comment ces nouvelles procédures prennent-elles en charge les problèmes de gestion de la ressource en eau mettant en cause l'agriculture ? Quelles sont alors les difficultés rencontrées ?*
- par ailleurs, à côté des nouvelles procédures proposées par les pouvoirs publics, de nombreuses initiatives de gestion collective de la ressource en eau apparaissent localement: *quels sont ces nouveaux dispositifs de gestion collective de l'eau qui émergent localement ? Comment fonctionnent-ils ?* Dans le même esprit, on ne saurait

oublier que dans plusieurs régions existent des systèmes anciens permettant de gérer la ressource en eau de façon collective (Commission Exécutive de la Durance, par exemple) : *comment ces systèmes anciens sont-ils utilisés aujourd'hui ? Doivent-ils s'adapter et comment ?*

- mais l'essentiel nous semble tenir dans les moyens de créer une culture commune, un partage d'expériences entre acteurs divers. Notre récente tentative de proposer une méthode pour partager les connaissances, dans un « tour de bassin » (Benoît et al., 2001[168]) vise cet objectif : *comment inciter les partenaires impliqués dans la gestion d'un même bassin à partager leurs connaissances et leurs visions prospectives de ce territoire commun ?*

✓ D'autre part, on constate que, dans différents types de situations, la profession agricole est conduite à entrer dans un processus de concertation avec d'autres acteurs locaux pour la mise au point de nouveaux cahiers des charges de pratiques agricoles à la fois plus respectueux de la ressource en eau et acceptables économiquement par les agriculteurs :

- en matière de gestion quantitative de l'eau, par exemple, la mise en place de plans de gestion crise départementaux et de mesures de restriction des prélèvements en eau ; de la même façon, en matière de gestion qualitative de l'eau, les agriculteurs situés sur un territoire où la ressource est utilisée pour produire des eaux minérales ou potables sont amenés à négocier avec les gestionnaires de ces ressources de nouveaux cahiers des charges (exemple des opérations basées sur le volontariat de type Ferti-Mieux, se prolongeant dans le bassin Rhin-Meuse par les opérations Agri-Mieux) ;

---

[168] Benoît M., Bernard P. Y., Küng-Benoît A. et P. Lemaire (2001) op. cit.

- impliquant des mises au point de modèles agronomiques permettant de relier des choix de systèmes techniques à leurs effets sur les ressources en eau, pour conforter les cahiers des charges discutés entre partenaires.

DES APPROCHES ANTHROPOLOGIQUES PLURIELLES A UNE ANTHROPOLOGIE JURIDIQUE DE L'ENVIRONNEMENT

Catherine BARRIÉRE *et Olivier* BARRIÉRE

US Désertification / ROSELT-OSS-IRD, Montpellier

INTRODUCTION PANORAMIQUE AUX COURANTS ANTHROPOLOGIQUES TRAITANT DE LA QUESTION DU RAPPORT DES HOMMES AVEC LEUR ENVIRONNEMENT

Que ce soit dans la littérature ethnologique américaine, anglo-saxonne ou française, la question des rapports des hommes avec leur environnement est loin d'être neuve et a interrogé la communauté scientifique dès le début du 20ème siècle. Ce sujet qui constitue une préoccupation actuelle brûlante a donné lieu à de nombreux courants de réflexion qui ont tenté de conjuguer les catégories de nature et de culture et les rapports entre elles.

En 1905, M. Mauss rédigeait l'*Essai sur les Variations Saisonnières des Sociétés Eskimos* où il présente la société comme un tout intégré et montrait comment les changements de saison qui modifient les formes de regroupement (rassemblement, dispersion) s'expriment dans les cultes, l'économie, le droit et ont un impact sur la structuration sociale. Mais la congruence entre les données géographiques et les manifestations culturelles n'abonde pas dans le sens d'un déterminisme qui voudrait que les formes de culture soient des produits de l'adaptation des sociétés au milieu naturel.

Jusque dans le début des années 1930, les rapports entre les sociétés et leur environnement étaient plutôt abordés en termes de déterminisme unilinéaire : déterminisme[169] culturel (le culturalisme[170]) d'une part ou déterminisme matériel (le matérialisme) d'autre part.

Ce sont les travaux de J. G. Clark (1939) et de J. H. Steward (1955) qui ont commencé à intégrer dans les années 1950 une dimension environnementale dans l'anthropologie en appréhendant la culture à partir des conditions écologiques. Ces deux auteurs sont généralement considérés comme fondateurs d'une nouvelle approche appelée « écologie culturelle » (également connue sous le terme de « néo-évolutionniste » ou de « évolutionnisme multilinéaire »). Elle considère que chaque culture est bâtie autour d'un ensemble de caractères déterminés par l'environnement. En croisant les ressources de l'environnement aux technologies disponibles, on caractérise les forces de production qui influencent le système social.

Cette démarche pêche par son déterminisme qui met en relation et combine les caractéristiques écologiques du milieu et les besoins physiologiques que l'homme doit satisfaire pour garantir sa survie. De plus, bien qu'elle s'attache à analyser les modes de vie des populations autochtones, elle reste ethnocentriste en appliquant les schémas et paradigmes de la science occidentale (quelles ressources sont offertes par le milieu ? Quelles sont les techniques utilisées pour se l'approprier ?).

---

[169] On appelle déterminisme la doctrine qui soutient que toutes les actions des humains sont déterminées par leurs états antérieurs sans que sa volonté puisse changer quoi que ce soit à cette détermination. Les humains, dans ce système, n'ont donc pas de libre arbitre et, s'ils croient le posséder, ils n'en possèdent que l'apparence.

[170] Courant de l'anthropologie né aux États-Unis sous l'impulsion principale de Ruth Benedict et de Ralph Linton, le culturalisme tente une description de la société sous les points de vue conjugués de l'anthropologie et de la psychanalyse. S'appuyant sur l'observation des sociétés archaïques, les culturalistes mettent en évidence l'influence prépondérante de la culture sur la personnalité des individus.

Au cours des années 1970, certains auteurs comme Rappaport (1969) développent une approche adaptationniste qui laisse penser que les faits sociaux seraient articulés autour de la problématique de l'adaptation à l'environnement, laissant croire que le système symbolique n'a pas d'autonomie par rapport au milieu. Dès lors, les rapports entre l'humain et l'environnement, la société et son milieu, sont préférablement perçus en termes de mécanismes adaptatifs, d'ajustement mutuel. Dans cette optique, les comportements des humains sont à la fois affectés par les composantes environnementales et affectent à leur tour l'environnement complexe que constituent le social et l'écosystème dont l'humain fait partie.

À la même époque, M. Sahlins (*Au cœur des Sociétés*, 1980) réfute les théories déterministes et considère que les faits de culture ne sont en aucun cas une réponse à des phénomènes naturels mais qu'ils constituent une appréhension symbolique du monde, y compris de la nature. De son côté, A. Testart (1982) démontre dans son étude sur les chasseurs-cueilleurs la faiblesse de l'approche néo-évolutionniste en indiquant à quel point le facteur écologique est insuffisant à justifier un mode d'organisation sociale. Il fait ressortir l'idée que le rapport à l'environnement est construit socialement et il montre l'importance des spécificités culturelles et techniques et des stratégies des groupes sociaux.

L'anthropologie écologique a été influencée à cette époque par l'écologie biologique ou comportementale et ses questionnements autour du **concept d'écosystème**. Mais les considérations sur la société et l'écosystème comme des systèmes se sont avérées difficilement opérationnelles et tendaient à perdre de vue le rôle prépondérant de l'individu. L'écologie évolutionnaire qui s'est développée dans la foulée des approches précédentes (Smith 1984; Smith et Winterhalder 1992) a tenté de contourner la difficulté en s'intéressant au rôle de l'acteur et en mettant l'accent sur les processus de prises de décisions à l'oeuvre dans les choix qu'expriment les individus (Hunn 1989).

Enfin opposée aux approches matérialistes, l'approche symbolique qui se situe dans le prolongement des travaux de Lévi-Strauss réfute l'opposition entre l'idéel et le matériel qui tantôt privilégie les productions de l'esprit, tantôt réduit les pratiques humaines à leur fonction adaptative. Elle envisage le rapport sociétés - nature sous forme « d'interactions dynamiques entre les techniques de socialisation de la nature et les systèmes symboliques qui les organisent » (1986, 12). Son argumentation s'inspire des représentations et des cosmologies des groupes de chasseurs qui conçoivent "leur environnement à la manière d'un dense réseau d'interrelations gouverné par des principes qui ne discriminent pas les humains des non humains" (Descola, 1996b: 65).

C. Lévi-Strauss a impulsé une réflexion sur l'appropriation culturelle de la nature en soulignant dans *La Pensée Sauvage* (1962) de quelle manière la connaissance de la nature s'appuie sur une expérience concrète et donne lieu à une pensée classificatoire opérant des taxinomies des espèces. Il a ainsi initié une **étude des savoirs autochtones**. Plus récemment, depuis les années 1980, les savoirs locaux qui furent appelés dans un premier temps « savoirs populaires » puis plus récemment « savoirs écologiques traditionnels » ont commencé à retenir l'attention d'un public scientifique (de diverses disciplines académiques) de plus en plus nombreux et ont suscité un véritable engouement. Les partisans de ces approches tablent sur le fait que les paysans, qu'ils soient ceux des sociétés agraires ou ceux des sociétés industrialisées ont une vision très complexe du monde. Ces derniers disposent d'une nomenclature détaillée des plantes, possèdent des moyens pour diagnostiquer et traiter les maladies humaines et animales. Ils adoptent des techniques de cultures adaptées aux différents types de sol. Ils pensent que ces savoirs jouent un rôle essentiel dans l'adaptation au milieu naturel et qu'ils ne doivent pas être supplantés par d'autres savoirs, techniques et scientifiques dont l'objectif est l'artificialisation du milieu. J. P. Olivier de Sardan les désigne comme « des savoirs populaires techniques » (1998) devant être considérés comme des stocks de connaissances pragmatiques, opérationnelles pour les producteurs ruraux.

Cependant, malgré la mise en évidence de la qualité de nombreuses connaissances locales, leur prise en compte dans les projets de développement reste à faire ou à être généralisée. L'étude des savoirs autochtones est très souvent confondue avec l'ethnoscience puisque toutes deux partagent le même intérêt pour les connaissances des populations locales à l'égard de l'environnement.

EMERGENCE DES ETHNOSCIENCES ET LEUR SPECIFICITE

L'ethnoscience s'est constituée véritablement à partir des années 1960, principalement en réaction à l'écologie culturelle. Elle est le produit de l'ouverture de l'ethnologie et des autres sciences sociales aux sciences naturelles, mais aussi à la psychologie et à la biologie. Les ethnosciences sont les études des savoirs naturalistes indigènes qui combinent l'étude conjointe des savoirs et des savoir-faire, des structures sociales et des systèmes symboliques dans lesquels ils s'insèrent. Elles prennent en compte *les modes d'être, de penser et d'agir* des peuples traditionnels qui ne considèrent jamais les êtres humains indépendamment de leurs relations avec toutes les expressions des vivants, humains et non humains, visibles et invisibles.

Le questionnement à propos des catégories sémantiques en fonction desquelles les groupes culturels nomment et classent les composantes de leur environnement a favorisé la description de systèmes de connaissances parallèles à ceux de la science occidentale.

Par la même occasion, un statut scientifique se voyait conféré aux études ethnologiques puisque ainsi se constituait "la science" des populations non occidentales. Mais il n'est pas certain que les fonctionnements logiques et organisationnels mis à jour dans cette pensée à la fois « sauvage et concrète », comme l'appelait Lévi-Strauss soit la logique des populations étudiées. Les catégories identifiées ne sont-elles pas la transposition de nos propres systèmes de classification ?

L'ethnoscience aurait connu selon C. Friedberg (2002) trois périodes importantes, la première préclassique (1896-1960) orientée vers l'archéologie, la botanique et vers la description de nomenclature, de classifications et d'utilisations ethniques des éléments naturels (faune et flore), la seconde classique (1960-1970) influencée largement par l'ethnolinguistique et la période actuelle (1970 à aujourd'hui) étant marquée par l'éclatement de la discipline en des champs très divers allant de l'ethnozoologie et l'ethnobotanique. Peu à peu, le terme d'ethnoscience a été de moins en moins utilisé, on lui a préféré celui d'ethnobiologie puis enfin celui d'ethnoécologie.

- L'**ethnobiologie** se définit comme l'étude des relations complexes existant entre les sociétés humaines (culture, spiritualité, croyances, valeurs traditionnelles, structure linguistique, économique et sociale) et la nature (plantes, champignons et animaux). Elle se penche sur les relations possibles entre les groupes sociaux et les espèces présentes dans leur environnement ; elle peut même pénétrer dans l'univers mythologique et cosmogonique. La recherche ethnobiologique peut s'appliquer à tous les peuples vivant exclusivement ou en partie des matières premières fournies par la forêt ou le milieu naturel. Elle s'intéresse aussi aux applications pratiques de la biologie, telles que les usages des produits forestiers (médecine, rites, alimentation, chasse,...) ainsi qu'aux sciences appliquées ;
- l'**ethnoécologie** s'intéresse quant à elle à l'étude des usages culturels de la biodiversité en vue de produire des connaissances permettant de formuler des politiques de conservation adaptées. Elle met en

évidence ces savoirs et savoir-faire populaires qui prennent en compte la diversité de l'expression du vivant dans leur environnement d'une part, et grâce auxquels les populations tirent leur subsistance des plantes et des animaux sauvages ou domestiques.

S. Bahuchet, chercheur au CNRS, a développé dès le début des années 1980 une approche innovante sur l'insertion des pygmées Aka de la forêt centrafricaine dans leur milieu de vie. Sa recherche porte sur des problématiques directement liées au développement durable, dans trois domaines complémentaires et indissociables : l'écosystème forestier tropical et la biodiversité, les stratégies de subsistance des sociétés[171] qui tirent leurs ressources vitales du milieu naturel et en modifient le fonctionnement, et les représentations que les membres d'une société donnée se font de leur environnement, et qui sous-tendent leurs activités.

Intégrant une étude sur des ressources potentielles (produits non ligneux), son approche s'attache à définir les besoins des communautés rurales et à délimiter l'impact de l'homme sur l'environnement. La question de l'alimentation y est traitée comme essentielle dans la mesure où elle est susceptible de quantification précise et révèle profondément les choix culturels.

---

[171] Définies comme le point de contact du milieu technique, du milieu naturel et du milieu spirituel, "surnaturel", elles résultent de la synthèse des connaissances ethno scientifiques du groupe humain, qui sous-tendent son milieu technique, de la maîtrise des problèmes posés par le milieu naturel, et enfin de la cosmogonie (BAHUCHET 1985, *Les Pygmées Aka et la Forêt Centrafricaine*).

L'ANTHROPOLOGIE ECOLOGIQUE

Depuis la fin des années 70, le programme « environnement » du CNRS a développé (sous différentes appellations, de PIREN à PEVS) une approche scientifique transversale sollicitant diverses disciplines académiques selon les questionnements posés ; elle a été désignée sous le terme « d'anthropologie écologique ».

Elle aborde les interactions sociétés - milieux de façon systémique, comme une boucle fermée. Elle insiste sur l'aspect co-évolutif des systèmes naturels et sociaux qui subissent, tout à la fois, des transformations d'origine interne ou externe. Les questions « environnementales » impliquent d'emblée des choix sociétaux diachroniques les concernant, notamment de développement et d'aménagement du territoire. L'enjeu environnemental apparaît comme un enjeu social, intégrant ainsi les questions environnementales dans le politique.

Elle développe en 2003 le concept d'anthroposystème (C. Lévêque et S. van der Leuuw). Celui-ci peut être défini « comme une entité structurelle et fonctionnelle prenant en compte les interactions sociétés - milieux, et intégrant sur un même espace un ou des sous-systèmes naturels et un ou des sous-systèmes sociaux, l'ensemble co-évoluant dans la longue durée ».

« Selon l'objet de recherche choisi et les problématiques définies de manière interdisciplinaire, l'anthroposystème peut se décliner à différents niveaux d'organisation spatio-temporels, allant du local, au régional et au global et du passé (analyse rétrospective), au présent (étude et modélisation du fonctionnement actuel) ou encore au futur (scénarios prospectifs des évolutions possibles) ».

L'ECOLOGIE HUMAINE

Ce courant de pensée qui est apparu dans les années 1920 est devenu un champ d'étude distinct dans les années 1970. Il se préoccupe de relier les savoirs spécialisés acquis dans les sciences dites « dures » (Physique, Chimie, Biologie, Géologie, Mathématiques...) et des Sciences de l'Homme et de la Société afin de construire un savoir non morcelé sur l'homme. Il identifie l'homme comme un *facteur écologique* majeur qui modifie grandement son environnement, par le biais du développement de son habitat, des *activités agricoles*, halieutiques et *industrielles.*

Il étudie l'impact de l'activité anthropique sur l'environnement, et réciproquement l'impact des modifications environnementales sur les conditions de vie des sociétés (par exemple, les conséquences de la catastrophe de *Tchernobyl* sur la santé humaine).

L'APPORT DE LA PSYCHOLOGIE SOCIALE DE L'ENVIRONNEMENT

En 1956, Lewin fut l'un des premiers psychologues à prendre en compte l'environnement en tant que facteur essentiel dans l'explication des comportements et proposa la notion d'espace vital. Les premiers ouvrages de psychologie environnementale sont apparus dans les années soixante.

Cette approche se veut globale. Elle se donne pour objet de comprendre comment l'homme évolue dans son milieu et comment il peut faire face aux situations environnementales, compte tenu des pressions ou contraintes exercées par son milieu. Les environnements sont multiples : environnements naturels, construits, de la ville au sous-marin, de l'entreprise au village de vacances ou encore la rue, le centre commercial, etc. Parmi ses outils et ses concepts, on retient celui de représentations mentales de l'environnement qui émerge dans les années 1980 et qui permet d'étudier comment les groupes sociaux associent des réalités très diverses à un objet identique.

« *Toute représentation (sociocognitive) est une forme de vision globale et unitaire d'un objet, mais aussi d'un sujet. Cette représentation restructure la réalité pour permettre une intégration à la fois des caractéristiques objectives de l'objet, des expériences antérieures du sujet, et de son système d'attitudes et de normes. Cela permet de définir la représentation comme une vision fonctionnelle du monde qui permet à l'individu ou au groupe de donner un sens à ses conduites, et de comprendre la réalité à travers son propre système de référence, donc de s'y adapter, de s'y définir une place* » (Abric, 1994, 13).

Ces représentations de l'environnement ont une place significative dans l'élaboration des politiques, des jeux d'acteurs, dans les conflits liés à l'exploitation et à l'appropriation des ressources naturelles ou dans la résolution des crises environnementales.

Il reste un champ de recherche à développer concernant les rapports existant entre les représentations que l'on se fait de l'environnement et les pratiques qui vont conditionner leurs évolutions.

UNE APPROCHE ANTHROPO-JURIDIQUE AXEE SUR LA GOUVERNANCE ENVIRONNEMENTALE : LE FONCIER-ENVIRONNEMENT

Cette approche à la fois systémique et dynamique, initiée dans les années 1990, considère les hommes, qu'ils soient simples usagers, exploitants du milieu ou décideurs comme des acteurs sociaux. Compte tenu des contraintes diverses que les exploitants subissent dans la gestion de leur exploitation agricole et dans leur rapport au milieu, ils sont amenés à effectuer des choix stratégiques et à prendre des options à court, moyen et long terme. Cette approche qui se penche sur le fonctionnement de la prise de décision dans le domaine de la gestion des ressources naturelles ne se réduit pas à une approche anthropologique de type stratégique. Au contraire, elle se veut résolument interdisciplinaire, prenant en compte d'une part le contexte écologique qui génère, sans les déterminer, certains rapports au milieu et d'autre part le champ complexe des pratiques anthropo-juridiques qui constituent des réponses en termes de stratégie et d'adaptation au milieu naturel et à son évolution. Cette approche est comparative, elle appréhende simultanément plusieurs échelles de travail et peut travailler sur plusieurs pas de temps.

Afin d'aboutir à une vision éclairée des rapports entre société, environnement et droit, elle développe en parallèle une analyse des systèmes et mécanisme de décision locaux et une étude finalisée sur les modes de régulation des pratiques environnementales.

CONCEPT DE SYSTEME DE DECISION ET ROUAGES DU MECANISME DE LA PRISE DE DECISION

La décision constituant la mise en oeuvre d'une stratégie pour atteindre un objectif, analyser le mécanisme de la prise de décision revient à identifier les facteurs économiques, culturels, religieux et politiques qui ralentissent ou handicapent la prise de décision dans les structures sociales observées (villages, provinces) et conditionnent les pratiques sociales des hommes face à leur environnement naturel. C'est un préalable à la compréhension des stratégies des acteurs et un appui à toute démarche juridique de coordonner ces pratiques d'occupation des espaces et des ressources. La prise en compte des représentations mentales du milieu naturel et de celles que les individus ont du fonctionnement de leur société constitue un passage obligé. En cernant les actes que les individus jugent bénéfiques ou nocifs à la survie du milieu, en interrogeant leur notion de la responsabilité de l'homme, il est possible de comprendre ce qui handicape la responsabilisation face aux problèmes de conservation du milieu. Ce travail sur les représentations a aussi des implications en termes de juridicisation des pratiques qui vont dans le sens de la co-viabilité. Loin d'agir directement sur les représentations mentales, le droit s'en inspire pour ne pas heurter les schèmes culturels et rendre possible l'application des règles. Cette approche en anthropologie de l'environnement repose sur trois axes :

Un axe sociopolitique

La gestion de l'environnement est l'affaire de multiples acteurs dont les statuts, les pouvoirs et les compétences sont fort variables. Cerner le rôle de chacun et l'étendue de son pouvoir constitue donc une démarche préliminaire à la prise en compte des multiples paramètres qui vont peser sur les choix de ces décideurs.

Sont identifiés d'une part les niveaux de décision (unité d'exploitation, lignage, village, région), d'autre part leur rang dans la hiérarchie sociale et politique ainsi que leur rôle foncier. On répond à la question « qui sont les décideurs et d'où tiennent-ils leur autorité ?»

Un axe sociocognitif

Partant du postulat que la culture constitue une compétence (à savoir un ensemble des représentations que doit posséder un individu pour penser et agir en tant que membre d'une communauté), on étudie le contenu de cette compétence, les représentations mentales du rapport homme - milieu, les savoirs des décideurs et des usagers et leurs modes de transmission. Ceux-ci ont des répercussions en termes d'instauration de normes, de règles et de codes de conduites

Les représentations mentales ou sociocognitives du milieu sous-tendent à leur tour les actions des décideurs et usagers du milieu. Elles s'expriment dans les discours, les actes et les pratiques. Derrière les mots et les pratiques, il est possible de décrypter la façon dont les groupes sociaux perçoivent et problématisent leur rapport à l'environnement. Les réponses apportées font émerger des répertoires d'actions qui en disent long sur les interactions existantes entre la scène écologique, sociale et politique. Ils permettent d'identifier les problèmes posés en termes de gestion des ressources naturelles qu'ils soient sociaux, culturels, juridiques, psychologiques et/ou techniques.

Un axe anthropo-religieux

Les religions inspirent des représentations particulières du rapport de l'homme à l'invisible et au sacré. Il est important de dégager comment ces représentations du monde sont véhiculées, comment elles prennent corps dans le temps et l'espace et jusqu'à quel point elles sont des vecteurs d'identification à un groupe. Les convictions religieuses des usagers et des décideurs exercent une influence significative à la fois sur la représentation de la ressource et sur le rôle de l'homme et sa marge d'action par rapport à l'environnement. En effet, un regard animiste sur l'environnement donne à penser que l'homme peut maîtriser certaines ressources en établissant des pactes sacrificiels avec les génies locaux, tandis qu'une représentation islamique revient à retirer la sacralité de la surface de la terre pour la restituer à Dieu. L'étude de ce rapport triangulaire entre l'homme, son milieu et l'invisible constitue un pan de l'écologie.

RÉGULATION JURIDIQUE DES PRATIQUES DE PRÉLÈVEMENT, D'EXPLOITATION ET DE GESTION DU MILIEU NATUREL : VERS LA DÉFINITION D'UNE ÉCOLOGIE FONCIÈRE

Une approche du droit qui dépasse les frontières d'un droit étatique : du positivisme à la pluralité juridique

A) Une diversité d'écoles de pensée

De Herbert Hart, Hans Kelsen, … à Henry Lévy-Bruhl, B. Malinowski, J. Griffiths, Michel Alliot, Raymond Verdier,

Jacques Vanderlinden, Norbert Rouland, Etienne Le Roy ... en passant par Georges Gurvitch, Max Weber, Jean Carbonnier, le droit a endossé des réalités différentes et occupé un espace plus ou moins étendu au sein de la société.

De la querelle lointaine entre sociologues et juristes on retiendra les tentatives de Emile Durkeim et de Maurice Hauriou de les réunir. Ce dernier s'étant beaucoup intéressé à la vie du droit dans les pratiques sociales et n'hésita pas à proclamer « qu'un peu de sociologie éloigne du droit et beaucoup de sociologie y ramène ». La construction d'une sociologie du droit fut particulièrement ardue et les discordes profondes sévissent toujours entre une conception du droit de pure norme (où le droit est un droit étatique) et un regard beaucoup plus attentif aux réalités sociales.

De même, l'avènement d'une anthropologie juridique n'a pas réellement réussi à réunir les juristes classiques (normativistes) et les rares juristes qui arpentent le terrain des pratiques sociales et abordent le droit dans sa pluralité. Pourtant L'approche du juriste sur les enjeux des sociétés, de l'environnement et de la planète doit dépasser certains carcans pour contribuer aux débats, à la recherche et à l'apport d'éléments de solutions.

B) Une socio-anthropologie du droit éloignée du droit positif

Le droit positif a engendré le code civil et la propriété. Appréhender son histoire permet de mieux comprendre notre édifice étatique et les conséquences de la rationalité occidentale, c'est-à-dire le paradigme de la normativité et le goût immodéré pour un système de pensée unique effrayé par la complexité sociale.

Travailler en Afrique implique pour un juriste de s'investir d'une autre histoire et d'autres contextes socioculturels. Deux façons d'envisager le droit africain se présentent :

- soit considérer que c'est Le Droit posé par les États, ce fameux droit positif ou droit conventionnel qui se décline en une hiérarchie normative. Là, le droit c'est la Loi ;
- soit dépasser le cadre législatif pour aller plus loin et s'intéresser à ceux auxquels les textes sont censés s'appliquer et qui vivent déjà leur propre droit.

C'est à ce niveau que les chemins se séparent entre la vision positiviste et le regard anthropo-juridique du droit. Ce dernier définit le droit en termes de pluralité et pense même en termes de « pluralisme juridique » (des systèmes de droit qui cohabitent s'entrecroisent, entrent en conflit ou se superposent).

L'apport fondamental de l'anthropologie du droit se situe dans la prise en compte de l'altérité et dans le développement d'un esprit critique refusant le mimétisme sur l'Occident. Le droit se pense alors en termes d'alternatives liées à des logiques internes, comme le fruit de contextes culturels et d'histoires sociales et non plus comme un système universel prônant la propriété. Il est alors difficile à cerner en raison de ses contours flous et de l'oralité déroutante dans laquelle il baigne.

L'anthropologie juridique nécessite un très gros investissement de terrain, car elle œuvre à dégager une matière première très particulière, c'est-à-dire la connaissance du droit, tel qu'il est formé et vécu, et façonné au gré des groupes, des identités et de leur histoire. L'effort investi pour dégager les contours, les caractéristiques et les modalités du droit vivant (à travers la catégorisation des actes, des faits juridiques, et des procédures) se concrétise par une méthodologie lourde en temps, énergie et moyens. Des archives aux bibliothèques, le juriste anthropologue ose franchir le rubicond qui mène aux enquêtes de terrain grâce auxquelles il obtient des données qualitatives et quantitatives (souvent spatialisées) pour enfin saisir le droit prétorien, quand il existe.

Cependant, le chercheur doit prendre garde à ne pas tout juridiciser et à identifier les frontières du droit, sachant qu'il intègre globalement ce qui concourt à la reproduction du groupe et ce qui incite la société à générer du droit. Une question constante l'habite: Qu'est-ce qui relève du droit? Comment rechercher ce qui a valeur de droit ? Globalement, les façons d'agir, de penser, d'être, contribuent à alimenter la sphère du juridique. La société exprime ainsi en droit des « modèles de comportements » qui sont le résultat de schémas de pensée et d'actions caractéristiques d'une culture. Il n'y a pas forcément de sanction rattachée à ce droit, mais quelque part une réprobation ou le sentiment de dépasser ou de sortir des marges de manœuvre internes et externes que le groupe s'est fixées ou qu'on lui a fixées.

Les perspectives d'une écologie foncière pour une gouvernance patrimoniale de l'environnement

En adoptant une approche en anthropologie juridique, nous partons d'une définition ouverte du droit qui met en regard deux espaces de droit : celui de la légalité (écrit normatif) et celui de la légitimité locale (pratiques locales).

Dans le cadre d'une recherche sur la gouvernance, l'objectif va consister à construire des passerelles entre eux. En effet, la notion de « gouvernance environnementale » des espaces et des espèces peut être conçue comme un processus de prise de décision et de mise en œuvre de politiques publiques environnementales de l'État et des collectivités locales. Enfin une gouvernance patrimoniale de l'environnement s'inscrit dans un système juridique qui assure la co-viabilité des systèmes d'exploitation et des systèmes écologiques. Ce système juridique se définit par un ensemble de catégories de droits sur le contrôle de l'espace, l'accès aux espèces (éléments naturels renouvelables), l'appropriation des ressources (éléments économiques) et la préservation de la diversité biologique.

Notre hypothèse de départ consiste à penser que la conservation des écosystèmes et de la biocénose doit être prise en charge par tous les rouages sociopolitiques de prise de décision. Elle implique une régulation des pratiques des acteurs intervenant sur les milieux et les espèces et doit répondre au souci de leur responsabilisation. Elle doit aussi nécessairement limiter leur marge de manœuvre pour circonscrire les stratégies de chacun dans un cadre que les droits traditionnels et le droit moderne législatif ne parviennent pas vraiment à ériger dans la pratique.

Nous développons une « écologie foncière » qui se fonde sur le lien entre les réalités foncières et la dimension environnementale. En Afrique, nous devons partir des logiques endogènes aux groupes sociaux pour lesquels :

- la terre n'est pas un bien, mais quelque chose qui permet la reproduction du groupe dans le présent et dans l'avenir ;
- l'espace et les ressources qui s'y trouvent sont distincts, contrairement à notre Code civil, pour qui « la propriété du sol emporte la propriété du dessus et du dessous » (art. 552).

Nous nous trouvons donc face à une vision radicalement différente des rapports sociétés/nature où l'homme dépend de la nature et où il ne se l'approprie pas. Cela ne veut pas dire pour autant que cette nature est particulièrement à l'abri de la péjoration humaine. Bien au contraire, elle subit de très fortes contraintes qui nécessitent la mise en œuvre de modes de régulation opportuns.

Le contexte culturel, écologique et économique propre à l'Afrique sahélienne nous a enjoint à la nécessité de nous dégager d'un système de pensée unique pour lequel il est toujours opportun de « marchandiser » l'espace (les champs, les pâturages, les parcours, les pêcheries, les forêts, etc.) et le milieu au sein duquel les générations se succèdent.

Nous avons préféré travailler sur un régime *sui generis* de nature patrimoniale, qui se fonde sur l'idée d'une transmission intergénérationnelle, lien qui permet la reproduction sociale et son évolution afin d'assurer ainsi une certaine équité entre générations. D'un point de vue juridique, le régime patrimonial apparaît comme innovant, car il se fonde a) sur la notion de « patrimoine commun » et b) sur la reconnaissance de personnes juridiques futures, non encore conçues, mais présagées, c'est-à-dire annoncées dans la perspective de la continuité du groupe.

Le patrimoine commun à un groupe (l'humanité, la nation, la collectivité locale, le village, le lignage, le clan, la fraction, l'unité d'exploitation, ...) est constitué d'un ensemble de « choses » non appropriables, non monnayables, situées hors du commerce économique et juridique. Personne n'en est donc « propriétaire ». Ce patrimoine est placé sous la maîtrise d'un groupe qui a la charge d'en assurer une transmission interne aux membres futurs pour leur propre épanouissement. Seul le groupe reste titulaire de sa gestion dans l'intérêt général de sa propre pérennité. Le patrimoine commun se compose ainsi de l'ensemble d'éléments matériels et immatériels participant à la reproduction même du groupe, physique ou intellectuel, et le caractérisant dans son identité : modes d'exploitation du milieu (savoirs locaux), espaces territoriaux, terroirs, etc.

D'une façon concrète, la gestion patrimoniale consiste dans l'organisation d'une gouvernance, qui responsabilise l'ensemble des acteurs à tous les niveaux, du local au national par le biais d'une répartition des droits sur les espaces et les ressources.

La régulation des pratiques repose sur des prescriptions et des obligations (de faire, de ne pas faire, d'adopter tel ou tel comportement, d'éviter telle autre pratique, etc.). Elle justifie ainsi les capacités juridiques d'intervention ou d'emprise des acteurs sur le milieu en les soumettant à la condition de respecter les droits des générations futures (de bénéficier d'un environnement susceptible de répondre à leurs besoins de vie et de développement).

La mise en œuvre d'une régulation de type patrimonial ne peut pas s'effectuer en instaurant un régime qui va imposer des conduites normatives mais plutôt dans un cadre consensuel autour d'un enjeu commun. Il ne s'agit pas d'ignorer la légalité existante, mais de la porter à la rencontre de la légitimation locale. L'objectif consiste dans un premier temps à rendre légitime la légalité nationale aux yeux des populations pour dans un second temps faire remonter les droits locaux à légaliser auprès du législateur et de l'exécutif. Pour parvenir à créer le lien entre les légitimités et la légalité, il a fallu travailler sur un outil de régulation locale qui est une convention locale d'environnement. Celle-ci est l'expression d'une consensualité autour d'un environnement commun.

Nous avons réalisé cette expérience *in situ* à Salémata, une communauté rurale du Sénégal oriental qui rassemble 44 villages. Ce fut l'occasion de tenter de mettre en place un pont entre l'oralité et l'écrit à travers l'élaboration d'une "loi locale" qui était demandée par tous les acteurs locaux et encouragée par l'État et son représentant.

Inséré dans un contexte à la fois international (Réserve de biosphère, convention sur la biodiversité, principe de participation, etc.) et national (décentralisation, aires protégées, etc.) et situé au carrefour de réalités locales et d'une politique nationale, le formalisme du texte exprime une solennité désirée par tous les intervenants. Enfin, cette convention propose les bases consensuelles d'un projet de société déterminant les contours d'un engagement sur un patrimoine naturel commun. Elle ne se limite pas à la formulation d'un ensemble de règles faisant office de « code de bonne conduite » ou à une transcription de normes orales préexistantes.

REFERENCES BIBLIOGRAPHIQUES :

ANTHROPOLOGIE:

ABRIC J. C. (1994) Pratiques sociales et représentations, Presses Univ. de France, 251 pp.

BAHUCHET S. (1997) Pygmées. L'esprit de la forêt, photographies B. DESCAMPS, Marval, 129 pp.

DESCOLA P. (1986) La nature domestique. Symbolique et praxis dans l'écologie des Achuar, Paris, Maison des Sciences de l'Homme.

FISCHER G. N. (1992) Psychologie sociale de l'environnement, Ed Privat, Toulouse, 238 pp.

FRIEDBERG C. (1991) Ethnoscience, *in* Bonte P., Izard M. (dir.), *Dictionnaire de l'ethnologie et de l'anthropologie*, Paris, Presses Univ. de France, 252-255.

HUNN E. (1989) Ethnoecology: the relevance of cognitive anthropology for human ecology, *in* Freilich M. (dir.), *The Relevance of Culture*, New York, Bergin and Garvey, 143-164.

INGOLD T. (1996) The optimal forager and economic man, in Descola P., Palsson G. (dir.), *Nature and Society*, New York, Routledge, 25-44.

LEVESQUE C. (1996) Présentation. La nature culturelle. Trajectoires de l'anthropologie écologique contemporaine, *in* Anthropologie et Sociétés, Département d'anthropologie (Faculté des sciences sociales) de l'Univ. Laval, Québec, vol. 20, n°3.

LEVI-STRAUSS C. (1962) La pensée sauvage, Plon.

MAUSS M. (1905) Essai sur les variations saisonnières des sociétés eskimos - Étude de morphologie sociale. (1904-1905) *in* L'Année Sociologique (tome IX, 1904-1905), avec la collaboration de H. BEUCHAT.

MORAN E. F. (dir.) (1990) The Ecosystem Approach in Anthropology: From Concept to Practice, Ann Arbor, University of Michigan Press.

ORLOVE B. (1980) Ecological anthropology, Annual Review of Anthropology, 9, 235-273.

SAHLINS M. D. (1980) Au coeur des sociétés. Raison utilitaire et raison culturelle, Gallimard, Paris.

SMITH E. A. et B. WINTERHALDER (dir.) (1992) Evolutionary Ecology and Human Behavior, New York, Aldine de Gruyter.

DROIT/ANTHROPOLOGIE JURIDIQUE :

BARRIERE O. (2004) Une anthropologie juridique de l'environnement, *in Anthropologie et Droit, Intersections et Confrontations*, Cahiers d'anthropologie du droit/Revue droit et culture, hors série 2004/4, Karthala, Paris, 51-58.

BARRIERE O. (dir.) (2003) Foncier et désertification : quelle gestion patrimoniale ? IRD/ROSELT/OSS/CSFD, parrainée par l'UNESCO-MAB, broch. 32 pp.

BARRIERE O. (2003) Gestion de l'environnement en pays Bassari (Sénégal oriental) ; réflexion sur un droit de l'environnement au Sénégal, Revue canadienne Droit et Société / Canadian Journal of Law and Society, vol. 18, n°1, 73-101.

BARRIERE O. et BARRIERE C. (2002) Un droit à inventer. Foncier et environnement dans le delta intérieur du Niger, éditions IRD, collection "A travers champs", 467 pp.

BARRIERE O. et BARRIERE C. (1997) Le foncier - environnement, fondements juridico institutionnels pour une gestion viable des ressources naturelles renouvelables au Sahel, éd. FAO, col. "Etudes Législatives" n°60, Rome, 120 pp.

BOURDIEU P. (1986) Habitus, code et codification, Actes de la recherche en Sciences Sociales, 40-44.

BROEKMAN J. M. (1993) Droit et anthropologie, Paris, LGDJ, et Bruxelles Story Scientia, col. La pensée juridique moderne, 215 pp.

CARBONNIER J. (1988) Flexible droit. Pour une sociologie du droit sans rigueur, Paris, LGDJ, 6e éd., 1er édition 1969, 382 pp.

CARBONNIER J. (1990) Il y a plus d'une définition dans la maison du droit, *in Droits, Revue française de théorie juridique*, n° 11, 5-9.

CARBONNIER J. (1994) Sociologie juridique, Paris, Quadrige/PUF, 1re édition 1978, 416 pp.

KAMTO M. (1995) Droit de l'environnement en Afrique, Paris, Ed. Edicef/Aupelf, Col. Universités francophones, 415 pp.

KOUASSIGAN G.-A. (1982a) Objet et évolution des droits fonciers coutumiers, *in Encyclopédie juridique de l'Afrique*, Tome V, Les Nouvelles Éditions Africaines, Abidjan, Dakar, Lomé, 29-35.

KOUASSIGAN G.-A. (1982b) La nature juridique des droits fonciers coutumiers, *in Encyclopédie juridique de l'Afrique*, Tome V, Les Nouvelles Éditions Africaines, Abidjan, Dakar, Lomé, 49-58.

KOUASSIGAN G.-A. (1985) Afrique: révolution ou diversité des possibles, Paris, L'Harmattan, Col. « Points de vue » (Notamment le chapitre 4 : « Propriété et destin des idéologies », pp. 77-111), 154 pp.

LE BRIS E., LE ROY E. et P. MATHIEU (Eds) (1991) L'appropriation de la terre en Afrique noire. Manuel d'analyse, de décision et de gestion foncière, Karthala, Paris, 359 pp.

LE ROY E. (1999) Le jeu des lois, une anthropologie « dynamique » du Droit, Paris, LGDJ, 415 pp.

MADJARIAN G. (1991) L'invention de la propriété. De la terre sacrée à la société marchande, Paris, L'Harmattan, 313 pp.

ROULAND N. (1991) Aux confins du droit, Paris, Odile Jacob, 318 pp.

ROULAND N. (1988) Anthropologie Juridique, Paris, Presses Univ. de France, 496 pp.

VANDERLINDEN J. (1996) Anthropologie juridique, Paris, Dalloz, 123 pp.

SCHEMA INSTITUTIONNEL DES NEGOCIATIONS ET PRISES DE DECISION SUR L'ENVIRONNEMENT: POLITIQUE, CITOYEN, EXPERT

Alain PODAIRE, Laurence TUBIANA et Jean-Pierre AMIGUES

Respectivement :

Commission Européenne Bruxelles

IDDRI Paris

LERNA Toulouse

INTRODUCTION

L'atelier s'est concentré sur deux thèmes principaux étayés et argumentés par deux présentations portant sur :

- les mécanismes actuels de négociation internationale autour des problèmes d'environnement et leurs liens avec les politiques publiques, et leur impact économique et social ;
- les outils et l'expertise en support à ces négociations et/ou aux prises de décision qui pourraient en découler, et en particulier leur « structuration » au niveau européen au travers de l'initiative GMES (*Global Monitoring for Environment and Security*).

L'information et l'expertise (quel que soit leur niveau d'élaboration) dont disposent les acteurs d'une prise de décision au niveau international, et la manière de les utiliser dans une négociation, sont d'une importance notable dans ces mécanismes. Il convient d'analyser la constitution et l'utilisation de cette information.

Nous exposerons d'abord les constats, arguments et approches autour de ces éléments, puis tenterons de formuler des propositions sur des axes de recherche possibles autour de ces questions, ainsi que sur leur organisation et leur mise en oeuvre.

NEGOCIATIONS INTERNATIONALES ET POLITIQUES PUBLIQUES

Les questions concernant l'environnement de la planète et, dans certaines limites, son « habitabilité », sont d'une grande complexité. Cette complexité est liée :

- aux échelles spatiales et temporelles concernées par ces questions, qui couvrent l'ensemble de la « palette » qu'il est possible d'appréhender : du « local » (correspondant à l'échelle du citoyen, de son territoire et de l'organisation sociale qui y est liée : village, commune,...) au global, de l'actuel au long terme, avec les intégrations et prévisions ou scénarios qui en découlent ;
- aux interactions entre différents éléments physiques, biologiques d'un milieu donné, ainsi qu'à l'organisation sociale, politique et économique de ce milieu et des lois qui la régissent qui rendent difficiles le traitement d'un facteur ou élément sans prendre en compte son « contexte » d'existence ou d'évolution ;
- à l'évolution des connaissances et à l'expertise existant sur ces questions, mais aussi aux incertitudes qui leur sont associées : il est évident que les négociations, puis les tentatives de régulation ou de réglementation, sur ces questions doivent « coller » à cette connaissance et à sa complexité, et suivre son évolution.

Gouvernance d'ensemble

La traduction de cette complexité dans les mécanismes de négociation, notamment en termes d'architecture, quels qu'en soient le niveau géographique, régional ou global, les acteurs, institutionnels ou non, les mécanismes utilisables (traités, conventions, ...) et leur contrôle, pose un problème de gouvernance d'ensemble avec des risques d'éclatement du système.

Une des manières de faire face à cette complexité et à cette difficile gouvernance d'ensemble, ou de les esquiver, consiste en un repli « identitaire » à un niveau maîtrisable politiquement et institutionnellement: notamment la nation ou l'État, sa souveraineté et ses règles, mais aussi – et de plus en plus fréquemment – des dimensions géographiques ou ethniques plus fines telles que la région.

Le défaut – voire l'impossibilité – d'accord au niveau international sur une position des problèmes et leur évaluation, ainsi que sur les logiques de fonctionnement et de gestion de la négociation et de la prise de décision, imposent de fait une approche « *bottom-up* », certes sécurisante pour les acteurs locaux, mais qui ne peut que ralentir les accords et prises de décision qui en découlent. Le risque inhérent à ce schéma étant bien sûr un décalage par rapport aux problèmes qui se posent et à leur vitesse d'évolution ou une incapacité à intégrer l'évolution de la connaissance ou de l'expertise, pouvant conduire à reconsidérer l'appréhension de certains problèmes.

Ce défaut de « base commune » est bien sûr la conséquence d'intérêts divergents, notamment liés à des problèmes économiques ou sociaux. Il est évident que le coût économique des obligations environnementales diffère selon la localisation des pays, leur niveau économique, et les choix politiques et investissements, notamment publics, consentis dans certains domaines clés (énergie, transport, ...). Par ailleurs, ces choix ou investissements induisent souvent des conflits d'intérêt, en particulier concernant les exportations « technologiques », les échanges commerciaux, etc.

De plus, la culture et l'histoire des populations, les pratiques qui en découlent et les éventuels contentieux entre populations, ainsi que des exigences particulières de sécurité rendent parfois difficile l'appréhension commune et sereine des questions d'environnement au niveau international.

Le traitement de ces questions est confronté à des mécanismes internationaux existants, par exemple dans le domaine du commerce, et dans la nécessité d'interagir avec ceux-ci, en ayant une antériorité, une gouvernance internationale et un poids politique moindres.

Cette faiblesse politique relative a, évidemment, un impact sur une position commune des problèmes, base de toute progression possible pour une évaluation acceptée des impacts et des dommages encourus par l'environnement. Cette évaluation impose en particulier une « mesure » des dommages associés, délicate voire impossible à définir au niveau international à partir d'un problème mal ou partiellement posé.

L'efficacité des régimes et des mécanismes de négociation internationaux souffre :

- d'un manque de coordination et de l'éclatement des lieux et procédures de décision, qui soulignent la faiblesse et donc la nécessité d'amélioration de la gouvernance d'ensemble dans ce domaine ;
- du faible niveau d'application des accords, qui pose à la fois les problèmes de contenu de ces accords et du suivi et de l'évaluation de leur application ;
- des mécanismes de contrôle de l'application de ces accords sur lesquels les parties prenantes peinent souvent à trouver une solution acceptable ;
- d'un défaut de traitement des interactions entre les différentes questions, par exemple le climat et la

biodiversité : dans un domaine où les couplages et interactions entre processus et phénomènes sont la règle, traiter un aspect indépendamment de facteurs externes qui l'influencent amène à soulever d'autres problèmes connexes ; il est probablement nécessaire de hiérarchiser ces facteurs externes ;

- de lacunes ou disparités considérables dans le niveau des informations et connaissances : celles-ci, qui jouent un rôle stratégique, sont parfois peu ou mal partagées, voire masquées ou manipulées, et constituent donc un enjeu de pouvoir.

Conséquence de ces différents éléments, les progrès collectifs et les vitesses d'évolution des mécanismes par rapport à un problème donné restent relativement limités, et une fois de plus ne correspondent pas à l'urgence et/ou à l'ampleur des décisions à prendre.

MODELES ET MECANISMES DE COORDINATION

Quelles pourraient être les modalités d'une meilleure coordination - et par suite d'une meilleure gouvernance - de ce qui représente un patrimoine public ?

Quatre modèles peuvent être proposés pour répondre à cette question :

A) La sommation des efforts

Elle permet d'intégrer et comptabiliser les contributions individuelles pour en présenter un tout quantifiable. Cela suppose que tous les contributeurs individuels, et donc ceux qui les dirigent ou les contrôlent, acceptent de coopérer à un effort d'ensemble, et donc s'accordent sur un intérêt commun, en ayant pesé les risques et contraintes de cette logique de coopération (« dilemme du prisonnier »), et en « sautant le pas » par rapport à certains risques mal mesurés ou masqués. Ce modèle suppose à la fois, là où se place la coopération, un niveau de connaissances et d'expertise partagé, mais également des connaissances et une expertise individuelles permettant une mesure indépendante des risques encourus (et ainsi d'éviter le syndrome de la « poule mouillée »).

Ce modèle peut notamment s'appliquer à des problèmes « transfrontaliers », comme la pollution aérienne ou les émissions de gaz à effet de serre, où l'état global et son évolution dépendent de sources réparties, souvent au niveau local, et donc de la maîtrise et du contrôle de ces sources.

B) Le « maillon faible »

Il suppose que le niveau de collaboration ou d'exigence commune est déterminé par celui qui y apporte la plus faible contribution. Ce modèle, qui se base sur la nécessité de contribution de tous les acteurs concernés (et doit logiquement être strictement limité à ceux-ci), impose donc une adaptation aux capacités ou possibilités des plus faibles : c'est leur niveau qui va fixer la portée de l'accord et des résultats qui en sont attendus. Il est évident que la propension, notamment des États, à coopérer dans ce type de modèle va dépendre du niveau d'effort qu'ils doivent consentir pour y entrer : dans ce cas, les participants les plus riches, donc déjà au-dessus du seuil minimal de contribution, sont évidemment favorisés par rapport aux participants plus pauvres.

Ce modèle peut s'appliquer à l'éradication de maladies ou à l'intégrité des réseaux d'information ou de communication.

C) Le fournisseur dominant

Dans ce cas, ce sont les principaux contributeurs qui déterminent le niveau et les règles de contribution au bien public. L'investissement que ceux-ci réalisent se retrouve ensuite dans la « domination », c'est à dire la maîtrise et le contrôle qu'ils exercent dans la distribution et l'utilisation des produits de cet investissement. Schématiquement, le succès et la pérennité du système sont entre leurs mains, ils en retireront les « bénéfices » et ils le savent avant d'investir dans son développement.

Ce modèle concerne généralement un nombre limité de contributeurs, conséquence de la nécessaire capacité d'investissement initial, mais aussi d'une volonté de minimiser les problèmes induits par un trop grand nombre de contributeurs. Ce modèle s'applique en particulier à la recherche sur les vaccins, par exemple contre le Sida, ou à la mise au point de variétés de cultures très productives.

D) La pondération des efforts

Dans ce modèle, les efforts sont soit répartis en fonction des contributions respectives des États au bien public global, et donc décidés de manière collective, soit laissés à l'appréciation des contributeurs (logique du « *best effort* »), le plus souvent en fonction de leurs capacités et des risques qu'ils encourent. Selon ce modèle, l'impact ou le bénéfice pour un contributeur donné dépendra de son niveau d'investissement.

Ce modèle peut par exemple s'appliquer à la maîtrise d'un fléau ou au contrôle d'émissions d'espèces chimiques particulières.

Cet ensemble de modèles montre qu'il est nécessaire d'adapter l'instrument de coopération et de coordination au problème traité.

Un autre élément doit guider cette approche de la coordination : il s'agit du mécanisme retenu pour mettre celle-ci en place. Partant d'un objectif commun et admis, plusieurs mécanismes sont identifiables, parmi lesquels on distinguera :

- la coordination par le marché, basée sur le relâchement des critères de non exclusion ou de non rivalité : cette approche veut favoriser la création de marchés et fluidifier les transferts internationaux ; en contrepartie, elle institue des taxes et redevances sur les échanges et transferts, permettant de rétablir certains équilibres ou disparités. Le contrôle – ou le rééquilibrage – s'exercent donc essentiellement *a posteriori*, une fois que les marchés et les échanges sont en place ;

- la coordination par les règles, qui impose une mise sous tutelle publique *a priori*. Cette approche nécessite donc de fixer ces règles *a priori*, et de mettre en place les institutions destinées à leur application et leur vérification. Il est généralement illusoire de compter sur une adaptation immédiate des acteurs aux règles qui leur sont fixées : les institutions en charge de l'application de ces règles doivent prendre en compte les adaptations et évolutions des comportements nécessaires à leur mise en œuvre qui doit donc s'accompagner d'un apprentissage, et des activités qui lui sont associées (formation, suivi/évaluation, validation).

ACTIONS ET CRITIQUES

Le premier élément marquant pour les problèmes d'environnement est une prise de conscience de plus en plus aiguë et à tous les niveaux (de l'individu au politique qui le représente, du niveau local à celui des institutions et fora internationaux) des enjeux stratégiques, sociaux et économiques liés à ces questions.

Cette prise de conscience, souvent diffuse et mal structurée, exige un processus d'apprentissage global, permettant de poser collectivement les problèmes à partir d'une base de connaissance admise et partagée, pour ensuite intégrer cette position de problème dans les plates-formes de discussion et de négociation.

De multiples acteurs peuvent et doivent intervenir dans ce processus d'apprentissage global, notamment en raison de la portée ou de la légitimité internationale de leurs activités, qu'il s'agisse d'États, d'institutions internationales, d'entreprises ou d'ONG.

En parallèle, le niveau local (disons sous la tutelle des États) se doit de participer en développant des outils de recherche, d'expertise et de législation, qui contribueront à la base globale d'apprentissage, et garantiront sa légitimité.

Il est donc nécessaire de mettre en place de nouveaux arrangements institutionnels permettant, autour d'une logique d'intérêt commun, la coordination ou la mutualisation des capacités ou infrastructures, le transfert et la capitalisation des connaissances, de l'expertise et des bases d'apprentissage.

Ces arrangements, pilotés par les institutions, doivent idéalement impliquer les acteurs, qu'ils soient publics, privés ou ONG, aux différents niveaux pertinents, et favoriser l'intégration et les transferts entre ces différents niveaux. Cela implique certainement une évolution des comportements et des pratiques…

Toutefois, certaines critiques peuvent contrecarrer ou ralentir les avancées ou changements nécessaires. Les premières portent sur la légitimité des mécanismes internationaux, et concernent en particulier :

- le risque de **perte ou dilution des responsabilités par rapport à des domaines relevant de la souveraineté des États** dans des processus internationaux dont la gouvernance est mal établie, donc mal maîtrisée par ces États : les changements impliquant une telle évolution par rapport aux compétences des États ne pourront être entérinés que lorsque la gouvernance d'ensemble des mécanismes internationaux sera établie et acceptée ;
- la légitimité et la responsabilité des acteurs privés ou ONG, qui peuvent être perçus comme des groupes de pression

défendant leurs propres intérêts ou vecteurs d'intérêts mal identifiés.

Il conviendra certainement de distinguer un premier niveau de consultation, où différents acteurs dont la légitimité et les responsabilités sont parfois mal établies pourront s'exprimer et contribuer aux propositions de solutions, et un niveau plus décisionnel, relevant des États et permettant d'aboutir à des engagements et partages de responsabilité.

Un autre niveau de critique relève de choix politiques et sociétaux en matière de justice, de développement, …

Les questions associées concernent l'existence d'un socle de valeurs communes à partir duquel les engagements internationaux doivent être discutés et conclus. D'ailleurs ces engagements dépassent souvent le cadre auquel ils sont circonscrits, ils ont des implications plus larges et fondamentales. C'est notamment le cas des contradictions pouvant exister entre les logiques de préservation de l'environnement et celles de développement économique et de croissance, qui renvoient au concept de développement durable.

D'autres questions relevant des disparités de puissance économique et par suite technologique entre les États restent également ouvertes.

Ces questions renvoient au problème de gouvernance internationale sur un ensemble de questions non indépendantes, et intégrant notamment les objectifs de développement.

QUELLES RÉFORMES SONT POSSIBLES ?

Le constat précédent sur la difficulté de traiter une question sans prendre en compte les liens qu'elle possède avec des questions connexes (et donc sur les interconnexions et couplages entre les différentes questions) rend difficile le choix de solutions uniques pour l'organisation des mécanismes de négociation et de décision sur l'environnement au niveau international, et au suivi et à l'évaluation des accords qui en résultent.

Il est nécessaire d'organiser le traitement des problèmes en mettant en place un système basé sur :

- une coordination d'ensemble, sans doute centralisée, qui dispose d'une autorité de pilotage et d'arbitrage, alimentée en particulier par une expertise scientifique et technique, ou par la capacité de mobiliser celle-ci ;
- une organisation décentralisée par problème ou question traités (ces problèmes ou questions étant définis au bon niveau d'agrégation pour éviter la dilution et le « parasitage » des mécanismes par des éléments secondaires), possédant une certaine souplesse d'adaptation ou d'évolution, et permettant de minimiser les coûts d'échange et de transaction ;
- des mécanismes d'intégration ou de « dérivation » permettant de faire remonter les informations vers la coordination d'ensemble pour leur validation ou pour arbitrage, et de faire redescendre vers les niveaux décentralisés des consignes pour assurer la cohérence d'ensemble du système.

Il est clair que ces réformes, cette organisation et cette gouvernance d'ensemble doivent être mues et soutenues par une volonté politique de la part des États. Il est en particulier souhaitable qu'elles s'inscrivent dans des cadres ou mécanismes internationaux existants, notamment celui des Nations Unies (PNUE, GIEC, ...).

Il convient également de noter le désengagement de certaines puissances (notamment les USA) par rapport à ces problèmes, induisant un ralentissement des dynamiques politiques, mais pouvant ouvrir la voie à d'autres formes de gouvernance. Dans ce contexte, il est important de ne négliger aucun État partenaire, et de donner à ceux qui pourraient être réticents à s'engager des garanties de transparence et de conservation de leur souveraineté afin de susciter leur adhésion au processus.

Il est donc essentiel que les « lieux de dynamique » et les acteurs qui contribuent à animer ces lieux, en particulier la communauté scientifique, les ONG, les autorités locales, le secteur privé, et certains gouvernements se structurant, notamment au travers du groupe « méga divers », soient et restent mobilisés pour inciter et soutenir dans la durée cet engagement politique.

INSTRUMENTS ET OUTILS EN SUPPORT AUX NEGOCIATIONS ET PRISES DE DECISION : LA DEMARCHE EUROPEENNE AUTOUR DE GMES

Comme cela a été souligné précédemment, l'information et l'expertise qui y est associée jouent un rôle majeur dans les processus de négociation et de prise de décision.

Ces éléments se constituent à partir d'une base de connaissances scientifiques et techniques, qu'il convient de remettre à niveau en permanence. Ceci exige des moyens et ressources dédiés, dont la pérennité doit être assurée au-delà des activités de recherche, et des mécanismes et financements qui y sont généralement associés.

C'est pourquoi il est important que les États se dotent de capacités pérennes de services leur permettant d'établir et de réactualiser la base d'information nécessaire à une appréciation autonome des questions d'environnement, et donc de tenir leur rang dans les mécanismes internationaux de négociation et de prise de décision. Cette demande d'appréciation autonome peut également être exprimée par des acteurs sociaux plus ou moins indépendants des États, tels que les entreprises, les ONG ou les medias : l'investissement consenti par les États profitera également à ces acteurs.

Les informations dont il est question sont dans certains cas partageables (échange équilibré d'informations d'intérêt mutuel, par exemple sur des paramètres atmosphériques ou océaniques), mais peuvent dans d'autres cas (relevant par exemple de la souveraineté des États, comme les informations socio-économiques) être considérées comme stratégiques.

L'Europe se doit de traiter la mise en place de ces services d'information et des moyens qui leur sont nécessaire d'une manière concertée et cohérente, en prenant en compte les capacités nationales existantes, mais en cherchant également à intégrer et mutualiser au mieux ces capacités au niveau de l'Union Européenne (UE). C'est l'un des objectifs du programme GMES (*Global Monitoring for Environment and Security*), actuellement en cours de développement par l'UE.

QU'EST CE QUE GMES ?

GMES à pour objectif de mettre en place un ensemble de services d'information sur l'environnement et la sécurité, destinés à doter l'UE de capacités autonomes pour appliquer ses propres politiques (généralement en compétence partagée avec ses États Membres), qu'elles concernent l'environnement, l'agriculture, les affaires maritimes, la politique étrangère et la sécurité, mais également pour mettre en œuvre et contrôler les engagements internationaux de l'UE (protocoles et conventions) ainsi que les déclinaisons nationales ou régionales de ces politiques ou engagements.

L'élaboration de l'information délivrée par ces services suppose notamment l'ingestion d'observations de base (paramètres physiques, chimiques, biologiques, ... mais aussi socio-économiques) et l'apport d'une plus value (modèle, interprétation présentation...) par rapport à ces observations.

La notion de service suppose une garantie de fourniture de l'information, avec une qualité connue et stable dans le temps, et d'éventuelles restrictions de diffusion.

GMES vise à intégrer et coordonner au mieux l'ensemble des capacités existantes ou futures, et en particulier les systèmes d'observation, d'analyse, de génération et de distribution de l'information, de manière à pouvoir en assurer collectivement la pérennité et l'évolution, en liaison étroite avec les activités de recherche et développement conduites dans ce domaine.

Trois grandes catégories d'information sont délivrées par les services GMES :

- des prévisions, fournies systématiquement en temps réel ou quasi-réel et avec une couverture exhaustive (et traitant donc l'ensemble des échelles spatiales : du global au local) ;
- de l'information géographique, en particulier en lien avec la gestion des territoires et des ressources (végétation, sol, eau) : cette information, remise régulièrement à jour, couvre également exhaustivement les territoires à des échelles compatibles avec « l'objet » appréhendé (du très fin pour les périmètres urbains au plus grossier pour les informations globales) ;
- de l'information spécifique pour la gestion des situations d'urgence, que ce soient des catastrophes naturelles, technologiques ou des crises humanitaires : cette information est limitée à la zone d'emprise du problème à traiter, mais doit être rafraîchie le plus fréquemment possible pour suivre l'évolution de ce problème.

GMES va ainsi inclure des services de prévision de l'état de l'océan (dynamique et ressources), de la composition atmosphérique (espèces réactives, gaz à effet de serre et aérosols) et de la qualité de l'air, des cartographies de l'occupation des sols et de l'évolution des ressources terrestres, des services caractérisant les zones de vulnérabilité ou fournissant au plus vite un état des lieux en cas de situation d'urgence…

Si la dimension « temps réel » de certains de ces services est importante, notamment en termes d'architecture, il convient de noter que certaines observations nécessaires pour les prévisions temps réel sont également utilisées pour les ré-analyses nécessaires à la constitution de bases de données permettant de suivre les tendances à long terme de certains paramètres, et d'établir des scénarios d'évolution.

L'organisation et la pérennisation de GMES au niveau de l'UE se justifient tout d'abord par la dimension européenne des services GMES, et en particulier ceux traitant d'aspects globaux, ou couvrant de manière homogène l'ensemble du territoire de l'UE, ou bien dotant l'UE d'une capacité unique utilisable quelle que soit la zone géographique concernée (cas de la cartographie rapide pour les situations d'urgence). En lien avec ces services, GMES doit aussi traiter le besoin de mutualisation de certaines infrastructures, qu'elles soient destinées à l'observation (*in situ* ou depuis l'espace ou données socio-économiques), à l'analyse ou traitement des données d'observation, à la modélisation, à la gestion de base de données géographiques ou à la distribution de l'information, en particulier en temps réel.

Le traitement de l'ensemble de ces services, et des capacités et infrastructures associées, sous une bannière unique GMES, est également justifié par l'utilisation d'infrastructures communes, mais également par les interfaces, échanges ou interdépendances entre ces services.

Il faut souligner l'importance du lien entre les activités de recherche et développement et les services opérationnels de GMES.

Tout d'abord, la recherche est et doit rester primordiale pour GMES, notamment pour ce qui concerne la validation et l'amélioration des services existants, mais aussi le développement de nouveaux services. De ce fait, GMES deviendra un « prescripteur » d'activités de recherche et développement, et devra en retour « capitaliser » les résultats de ces recherches au niveau européen pour pouvoir les transférer dans les services.

De plus, l'existence de services capables de fournir de manière systématique des informations dont la qualité est stable et connue est primordiale pour la recherche : les organismes et entités de recherche devraient compter parmi les premiers utilisateurs des informations GMES, notamment pour constituer des séries temporelles, analyser des tendances, établir des scénarios.

Dimension politique et institutionnelle de GMES

La mise en place de GMES obéit à la conjonction de trois éléments :

- une prise de conscience politique des enjeux environnementaux, qu'ils soient globaux ou régionaux, et de la nécessité de doter l'UE d'outils permettant de mieux gérer ces questions ;
- la possibilité d'une organisation institutionnelle autour des services et des infrastructures qui leur sont nécessaires : cette organisation reste à finaliser, notamment en termes de gouvernance, mais la plupart des « briques » de base existent que ce soit au niveau des États ou de l'Union, et il faut en définir l'intégration et le fonctionnement d'ensemble ;
- la maturité scientifique et technique des moyens et outils et l'existence d'une expertise permettant de les faire fonctionner : l'émergence de GMES résulte de plus de vingt années d'investissements publics de l'UE et de ses États Membres dans les techniques d'observation, d'analyse, de modélisation dans les

domaines de l'environnement et de la sécurité. Ces investissements ont permis non seulement de doter l'UE de capacités publiques, mais également de constituer une base industrielle capable de mettre en place et d'opérer certains services et infrastructures.

GMES concernera essentiellement un ensemble de services publics ayant une portée – ou une valeur ajoutée – européenne, avec engagement de fourniture à long terme. La mise en place de ces services passe nécessairement par un pilotage institutionnel, qui va devoir transformer une logique d'offre, associée à des activités de recherche et développement publiques ou privées, en une logique de demande publique, se traduisant des engagements de fourniture consignés dans des cahiers des charges.

Ces services publics alimenteront directement des utilisateurs finaux, ou un ensemble de services aval à « valeur ajoutée » relevant soit de la sphère publique, mais à des échelons nationaux ou locaux, soit opérés directement par des entités privées. Ces services à valeur ajoutée – ou « sur mesure » – ne peuvent être gérés de manière centralisée au niveau européen : ils sortent donc du périmètre de GMES, mais l'interface entre GMES et ses services aval, qui font partie de ses utilisateurs, doit évidemment être formellement pris en compte par GMES.

Dans ce cadre, il conviendra en particulier de traiter la question de la responsabilité publique sur l'information GMES et de son utilisation, notamment lorsque celle-ci sort du domaine de contrôle de la sphère publique.

Les points précédents posent évidemment le problème de gouvernance de GMES au niveau européen, c'est à dire des processus de décision et des mécanismes de financement concernant les services gérés par GMES et les infrastructures (dédiées ou partagées) qui leurs seront nécessaires. Pour traiter ce problème, il convient d'abord de « cartographier » les institutions et organisations existantes ayant « affaire » avec

GMES, que ce soit au niveau européen ou au niveau des États Membres, et d'inventorier leurs mandats et leurs propres systèmes de gouvernance. Il faut également définir les fonctions et les processus de décision associés à une gouvernance d'ensemble de GMES, et voir comment cette gouvernance d'ensemble peut « composer » avec les institutions et organisations existantes. Se posent alors des problèmes d'interaction entre la gouvernance d'ensemble de GMES et celles des acteurs et opérateurs qui y contribuent, puis de comblement des « vides » qui vont inévitablement apparaître dans cet ensemble. Il sera alors nécessaire de consolider certaines structures existantes (cas de coordinations ou de « clubs » européens, notamment dans le domaine des services), voire d'étendre les mandats de certaines entités ou agences européennes.

La complexité de cet édifice impose une démarche pragmatique probablement basée sur un apprentissage sur quelques cas concrets : c'est l'objectif que l'on peut assigner aux premiers services – dits « services pilotes GMES » - à partir desquels la gouvernance d'ensemble GMES devra progressivement s'élaborer et s'ajuster.

L'expérience acquise par l'UE dans la gestion de cette complexité, dont le cadre technique et politique diffère parfois sensiblement de celui des négociations et prises de décision au niveau international évoqué au paragraphe 2, peut évidemment lui être utile lorsqu'il s'agira de contribuer à l'intégration et à la gouvernance internationale de ces systèmes. Il sera dans ce cas intéressant de confronter l'approche retenue pour la gouvernance GMES, qui est celle d'un système complexe avec des systèmes de décision à différents niveaux, aux modèles de coordination présentés au début de ce document.

DIMENSION INTERNATIONALE ET ROLE DE GMES DANS LES MECANISMES INTERNATIONAUX

GMES, dont certains services ont une dimension globale, et certains autres s'appliquent au territoire européen tout en dépendant de contraintes (ou « conditions aux limites ») globales, a nécessairement une dimension internationale.

Cette dimension internationale doit être conciliée avec une volonté politique d'autonomie européenne, notamment pour les domaines relevant d'une « souveraineté européenne ». Cela implique une maîtrise – et si possible un contrôle – de la chaîne de l'information, qui s'étend de la collecte des observations jusqu'aux services générant et délivrant cette information : c'est sur ce dernier élément (le service et l'information qu'il distribue) que cette maîtrise, et donc cette autonomie, doivent s'appliquer en priorité.

La composante la plus ouverte à une coopération internationale concerne certainement la collecte de données, en particulier *in situ* mais aussi spatiales. En effet, les services à dimension globale – pris au sens large – doivent être alimentés par des observations collectées sur l'ensemble de la planète. Il est illusoire que l'UE, et a fortiori ses États Membres, se lancent dans une collecte généralisée d'informations globales, alors que d'autres États de par le monde s'en chargent déjà (sur leur territoire ou plus largement) sans évidemment faire de même sur le territoire européen. Intervient de ce fait une logique d'intérêt mutuel, visant à se répartir la charge de collecte de données, avec le déploiement et la maintenance des infrastructures associés, et à mettre en place des mécanismes d'échange de ces données, pour peu qu'elles soient acquises avec des protocoles communs.

Par ailleurs, plus particulièrement pour ce qui concerne les infrastructures spatiales, il est également possible d'organiser leur collecte, soit en déployant et opérant des missions complémentaires (par exemple orbites « matin » et « après-midi »), soit en investissant sur des objets communs (cas des missions altimétriques de référence), soit également en s'accordant sur une approche de « *back-up* » en cas de défaillance d'une infrastructure critique.

Des mécanismes de coopération internationale de ce type sont déjà en place, au sein de l'Organisation Météorologique Mondiale (dépendant des Nations Unies), où une logique d'intérêt mutuel a conduit les États à organiser une coordination d'ensemble des systèmes d'observation et des échanges de données.

L'enjeu des futures années est d'étendre ce mécanisme à d'autres domaines que la météorologie au sens strict. Des mécanismes de coopération ou de coordination sont déjà en place pour les données océanographiques globales, dont certaines sont également collectées par des services météorologiques, et devraient logiquement s'étendre à la composition atmosphérique et l'ensemble des ressources terrestres.

C'est l'objectif du processus GEO (*Group for Earth Observation*), qui a fait l'objet de discussions puis d'un accord intergouvernemental (signé en février 2005 à Bruxelles) sur un plan d'actions destiné à mettre en place les mécanismes de coordination et d'échange de données au niveau international pour ce qui concerne les données sur l'environnement.

On pressent toutefois les difficultés à venir quand les données concernées vont toucher à des domaines de souveraineté des États ou à des aspects critiques de leurs politiques environnementales (par exemple les émissions de gaz à effet de serre liées aux politiques énergétiques ou les ressources agricoles).

Une base d'accord minimale consiste à se concentrer sur les protocoles ou conventions internationales, qui entrent dans le champ des négociations internationales décrit plus haut, tout en posant le problème de contribution des États qui n'ont pas ratifié certains de ces protocoles ou conventions.

Il est bien évident que l'initiative GMES et la coordination européenne qui la sous-tend est particulièrement opportune par rapport au processus international GEO : c'est au travers de GMES que la contribution européenne au GEO doit se structurer et se mettre en place.

PROPOSITIONS D'AXES DE RECHERCHE ET ELEMENTS D'ORGANISATION ASSOCIES

RECOMMANDATIONS GENERALES

Les constats et analyses précédents conduisent à un certain nombre de recommandations concernant les actions de recherche, dominées par l'analyse de la construction du savoir et son utilisation. Ces recommandations portent en particulier sur :

- l'identification et la structuration des problèmes liés aux négociations et prises de décision sur l'environnement : le large spectre de questions soulevées impose des interactions inter et intra communautés de recherche. Ces interactions se basent sur des connaissances à partager, notamment au travers de concepts et d'une qualification (terminologie) communément admis. Il convient donc d'établir une base de connaissances et de dialogue partagée par les différentes disciplines pour identifier et analyser les problèmes collectivement ;
- l'importance d'un travail placé dans la durée : même s'il est souvent nécessaire d'attaquer le traitement d'un problème donné (surtout s'il est jugé comme prioritaire), même imparfaitement posé, avec la base de connaissance dont on dispose, il convient de conduire en parallèle une approche « amont »

permettant de se doter de l'outillage théorique et conceptuel propre à améliorer la position et le traitement de ce problème, et de le replacer dans un cadre plus général. Une démarche pragmatique consiste donc à travailler en parallèle sur des approches « empiriques » ou expérimentales (études de cas) permettant de nourrir la théorie, et des approches théoriques afin de les tester sur des cas concrets ;

- le rôle des Sciences de l'Homme et de la Société (SHS) : elles peuvent intervenir dans la médiation entre la connaissance et l'expertise scientifique ou technique et la transmission ou l'utilisation de celles-ci par la société et ses acteurs. Cette proposition permet logiquement d'aborder la question du lien entre l'expertise et l'aide à la décision, sachant que ces deux aspects doivent être distingués et posent le problème de la responsabilité de la recherche, de ses organismes et de ses tutelles. D'autres questions de portée plus large se posent alors, en particulier sur la perception d'une parole « dominante », c'est à dire celle du « politique », qui peut limiter la portée ou récupérer la parole de l'expert ;
- la nécessité pour la communauté française de ne pas laisser « passer les trains » et de participer de manière significative, que ce soit au niveau européen ou au niveau international, au traitement des questions ouvertes, sur la gouvernance internationale des mécanismes associés aux questions environnementales. Il convient que ces axes de travail soient définis comme prioritaires, et que les moyens nécessaires à leur mise en oeuvre soient mobilisés.

AXES DE RECHERCHE

Partant de ces recommandations générales, plusieurs thèmes de recherche peuvent être proposés :

- *Sur les acteurs, et en particulier :*

- les rôles que jouent ou pourraient jouer les acteurs publics et privés (qui dépendent de leur niveau de structuration), leur manière de s'organiser et de porter ou transmettre leurs positions et propositions ;
- les positions des États et l'établissement de consensus interétatiques : quelles concessions peuvent être consenties par rapport aux positions des États ? Comment prendre en compte les différences de puissance politique ou économique dans la recherche de consensus ?

- *Sur les échelles abordées, du local au global :*

- comment intégrer, sans les dénaturer, les préoccupations et consensus locaux à un niveau global ?
- et en retour comment transmettre les décisions interétatiques par les systèmes de gouvernance locaux responsables de leur application par les citoyens ?

- *Sur le lien entre la connaissance et l'information et la décision politique :*

- comment formuler les questions et comment intégrer les connaissances qui s'y rapportent pour améliorer les processus de négociations et de décision : les solutions de gouvernance et leur efficacité dépendent-elles de ces éléments ?
- quelle responsabilité publique dans l'utilisation de l'information : lien entre fiabilité de l'information et décision (gestion des incertitudes) ?
- comment adapter la communication de la connaissance ou de l'information à son utilisateur ?

- *Sur l'économie politique de la recherche et de ses institutions.*

QUELLE ORGANISATION POUR METTRE EN PLACE CES RECHERCHES ?

L'établissement de programmes de recherches pluridisciplinaires sur les thèmes abordés dans cet atelier – ou l'intégration de ces thèmes dans des programmes existants – devrait être guidé par une stratégie à long terme, dont certains éléments pourraient concerner :

A) La capacité à anticiper la nature et la structure des mécanismes de décision au moment où la connaissance se forme : le contenu des négociations et des décisions doit être représentatif de la complexité des problèmes traités, et donc de la connaissance que l'on possède sur cette complexité (incluant les risques et incertitudes).

B) Les missions d'expertise attribuées à certains organismes de recherche : il convient de se préoccuper de l'utilisation de la connaissance que les organismes de recherche génèrent, et de la manière dont cette connaissance est utilisée dans les systèmes de négociation et de décision (en particulier pour fournir un point de vue critique par rapport à des arguments ou connaissances autres ; cas des négociations dans le cadre du protocole de Kyoto). Cette volonté doit évidemment s'accompagner d'une position claire sur l'expertise d'un individu ou de son organisme, et notamment sur les incertitudes qui y sont associées et sur les responsabilités qu'elle induit.

C) La mise en place de programmes de recherche sur les questions sociales liées aux problèmes d'environnement, ou leur intégration dans des programmes existants : il est nécessaire d'identifier la « programmatique » associée à ces questions, qui requièrent une approche pluridisciplinaire, mais ne doivent pas être marginalisées dans cette approche par rapport à des thèmes de recherche s'appuyant sur des moyens et infrastructures « lourds ». Une possibilité pour aborder ces questions de manière souple et évolutive serait de favoriser des plates-formes de discussion et de recherche multidisciplinaire de type « *think tank* ».

Remerciements

Les auteurs de ce texte remercient Pierre Mazzega et Jean-François Minster pour leur lecture attentive et constructive de ce document.

Références

EUROPEAN COMMISSION : Global Monitoring for Environment and Security (GMES): from Concept to Reality – COM(2005) 565.

FELLOUS J. L. et J. F. MINSTER : GMES – Lettre PIGB-PMRC – Décembre 2004.

Sites web contenant des informations sur GMES :

http://www.gmes.info/

http://ec.europa.eu/comm/space/programmes/gmes_en.html

http://www.esa.int/esaLP/LPgmes.html

Site web du Group on Earth Observations (GEO):

http://www.earthobservations.org

SYNTHESE DES DEBATS DE L'ECOLE EIRSSE

Jean-Pierre AMIGUES et Dominique LE QUÉAU

Respectivement :

LERNA Toulouse

INSU – CNRS Paris

De façon générale, les discussions ont mis en évidence, à la fois sur les plans épistémologique, stratégique et opérationnel, la complexité qu'il y a à structurer une communauté plurielle aux « cultures » aussi diversifiées. Cela exige connaissance et respect mutuels, prise en considération des problématiques prioritaires de chaque champ thématiques et acceptation des différences de questionnement et de méthodologie. Comme l'ont montré les efforts déployés depuis près de trente ans, il faut savoir, dans ce domaine, « donner du temps au temps »... La mise en place d'un réseau national pérenne, destiné à rendre compte des expériences menées, à porter la réflexion à l'amont des structures de projets et à accélérer l'hybridation entre les recherches menées ici et là, n'en est que plus impérative et urgente.

LE STATUT DE L'INTERDISCIPLINARITE « SHS / SDU »

Tous deux orientés vers l'étude d'objets de recherche concrets (les milieux « naturels » anthropisés, pour les Sciences de l'Univers, les hommes, en interaction avec la société et les milieux, pour les Sciences de l'Homme en Société) ces deux grands « champs thématiques » sont majoritairement animés par des types d'interrogations différentes : des approches davantage orientées vers la compréhension et l'analyse des systèmes et des processus d'une part et, d'autre part, des approches mêlant analyse des systèmes sociaux et réflexion normative sur la meilleure manière de les organiser et/ou de traduire des enjeux politiques en actions collectives. Les débats qui se sont déroulés ici ont révélé combien, en conséquence, était difficile et problématique la mise en œuvre d'une vraie interdisciplinarité entre ces deux champs scientifiques. Ces difficultés se déclinent selon plusieurs aspects abordés ci-dessous.

LES ACTIVITES DE PRODUCTION SCIENTIFIQUE

Cet aspect recouvre en premier lieu la nature des productions scientifiques elles-mêmes, et leurs modalités d'évaluation. Les textes – leur vocabulaire, leur diffusion, les systèmes qui en constituent le support - qui rendent compte des recherches menées sont différents et différemment agencés et/ou présentés selon les communautés scientifiques. Fondée sur l'appréciation des pairs, la qualité de celles-ci – journaux reconnus, importance de la communication orale des expériences, rôle et mesure des facteurs d'impacts,... - diffèrent singulièrement d'une communauté scientifique à une autre, rendant souvent illusoire la capacité des travaux interdisciplinaires à être reconnue à la même aune partout et augmentant singulièrement la prise de risques des chercheurs, et notamment des plus jeunes, au moment de leur recrutement, ce qui obère la constitution de nouvelles équipes à vocation pluri- ou interdisciplinaire.

Nature et enjeux de la collaboration scientifique

Une difficulté – pour ne pas dire un reproche - maintes fois entendue concerne « l'instrumentalisation » d'un champ thématique – les Sciences de l'Homme et de la Société – par l'autre : la composante « humaine » d'un système environnemental ne serait « interrogée » que par subsidiarité et comme un « supplément d'âme », une fois reconnue l'importance d'un processus naturel, dûment identifié. Le contre-exemple récent de la co-émergence des interrogations macro-économiques et de la mise au point des modèles globaux de changement climatiques vient quelque peu infirmer ce schéma de dépendance systématique.

Un schéma heuristique plus satisfaisant, présenté ci-dessous, est celui de l'« instrumentalisation mutuelle », des deux communautés, impliquant des facteurs « politiques » et « institutionnels » assez généraux. Le schéma suivant montre que « l'offre de recherche » de SDU vers SHS porte essentiellement sur la fourniture d'informations (au sens large, la connaissance modélisée des processus naturels en faisant partie), de scénarios tendanciels d'évolution (cas du changement climatique) ou d'identification de facteurs de risques pour la société. La « demande » de recherches adressée par SDU aux SHS porte sur la fourniture de scénarios d'évolution socio-économique (la dynamique et les déterminants des impacts anthropiques) et la prospective politique.

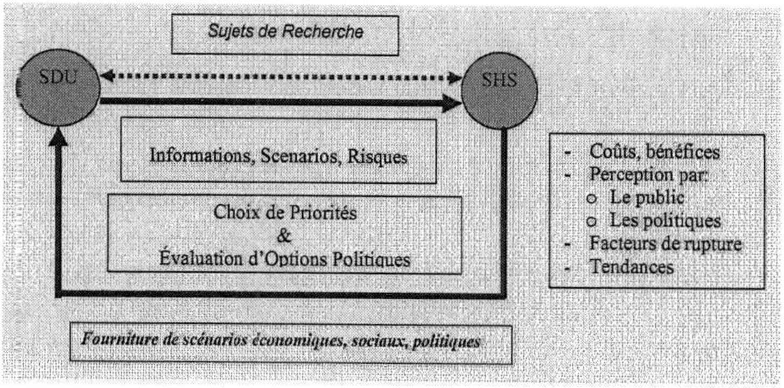

« L'offre » de recherche des SHS vers SDU porte sur l'explicitation des enjeux sociétaux de l'environnement, les modalités de construction des priorités sur les agendas des politiques environnementales, l'analyse coûts - bénéfices, les perceptions sociales et l'identification des éléments de tendance et de rupture des dynamiques sociales et économiques. Leur

« demande » concerne surtout la veille environnementale (anticipation des risques et des tendances d'évolution des systèmes naturels anthropisés) et la prospective scientifique (les enjeux environnementaux du futur).

Dans ce contexte, la construction d'agendas de recherche communs dans les différentes communautés peut trouver son origine aussi bien chez SDU (rôle d'alerte des scientifiques pour l'ozone, le changement climatique ou la biodiversité) que du côté des SHS (besoins d'indicateurs pour une réflexion sur le rôle et la pertinence des normes, évaluation des risques, prospectives climatiques).

De plus, au-delà des schémas institutionnels, quelques hybridations scientifiques commencent à voir le jour, fondées sur des approches plurielles, parfois militantes, qui contribuent à rendre plus flous les contours entre disciplines, entre départements universitaires et de recherche, entre constructeurs et utilisateurs de savoirs, et plus incertaines aussi les modalités standards de l'évaluation et de la formation. C'est pour partie sur de telles expériences, encore marginales, qu'il faudra bâtir l'avenir des relations entre SHS et SDU.

Mise en commun des objets et des terrains de recherche

La mise en place de recherches interdisciplinaires exige que de vrais « objets de recherche » communs soient définis – avec des échelles spatiales, des niveaux d'organisation et des dynamiques temporelles pertinents à la fois pour les deux champs de recherche. La plupart du temps on ne peut définir simplement que des « chantiers de recherches » communs sur lesquels des spécialistes issus de diverses disciplines et champs thématiques, peuvent travailler les uns à coté des autres et s'informer mutuellement de résultats, sans qu'une « intégration » quelconque des modes de pensées propres à chaque champ ne se produise.

La pratique systématique du « retour d'expériences » d'actions et/ou de programmes menés ces dernières années apparaît alors comme nécessaire, si l'on souhaite préciser les conditions d'émergence des objets interdisciplinaires, distinguer celles-ci de la mise en place de chantiers ou de lieux d'échanges pluridisciplinaires où, malgré tout, de fructueuses collaborations ont pu prendre naissance, et enfin apprécier les résultats accomplis en matière d'innovation environnementale et de production scientifique *stricto sensu.*

Interdisciplinarité ou pluridisciplinarité ?

Dans la pratique des recherches faisant appel simultanément à plusieurs communautés scientifiques il faut distinguer plusieurs stades qui ne se conjuguent généralement pas sur les mêmes échelles de temps. Ainsi,

- « l'interdisciplinarité », fondée sur l'intégration de plusieurs disciplines pour appréhender un même objet de recherche, concret ou abstrait, qui nécessite des « approches projet » rigoureuses et des actions s'étendant sur ~ 5 à 10 ans ;
- la « pluridisciplinarité », que se partagent recherche et fourniture d'expertise, où les actions disciplinaires se confortent et s'épaulent sans vraiment s'intégrer et qui peut se construire sur des temps plus courts si la mobilisation des compétences est bien menée.

Dans le domaine des recherches effectives menées conjointement par des équipes de plusieurs communautés scientifiques sur l'environnement, force est de constater que ce qui est appelé « interdisciplinarité » est souvent de la « simple » pluridisciplinarité. Cette démarche, plus modeste dans ses objectifs, mais plus réaliste dans ses accomplissements conduit en effet à des managements plus fonctionnels et plus efficaces, et débouche plus rapidement sur des résultats scientifiques certes partiels mais plus facilement exploitables et publiables.

Pour aller au-delà, de nouvelles formes de collaboration scientifiques, fondés sur des approches « en réseaux », multiformes et évolutives, susceptibles d'offrir la richesse et la souplesse nécessaires, devront être privilégiées par les institutions de recherches.

Conclusion et premières recommandations

Sans que cela ait valeur de démonstration, les débats menés au cours de l'École ont permis de mettre en évidence, sur le plan *méthodologique* :

- le rôle de l'ingénierie environnementale comme lieu privilégié de rencontre pluridisciplinaire ;
- la nécessité de construire un statut explicite de l'expertise, de son rôle comme de son éthique, et de se donner les outils institutionnels de l'expertise collégiale ;
- l'importance des forums hybrides comprenant chercheurs, usagers et décideurs pour re-formuler les problèmes sociétaux en problématique de recherche ;
- l'importance des « alerteurs », souvent marginaux, pour exprimer, parfois de manière intuitive, les nouveaux axes de recherche ;
- le caractère incitatif, car intégrant des visions plurielles, des initiatives régionales et européennes (par ex. GMES/GEOS) ;
- l'importance également de savoir parfois limiter ses ambitions à des relations « intercommunautaires » fondées sur la pluridisciplinarité plutôt que sur l'interdisciplinarité, plus ambitieuse mais plus facilement vouée à l'échec, quand ses conditions d'accomplissement ne sont pas « mûres ».

Sur le plan *institutionnel*, une évaluation opérationnelle *ex post*, associée à un système d'information et de suivi performant et accessible, devrait être de nature à mieux distinguer les champs méthodologiques qui relèvent de l'inter- et de la pluridisciplinarité, à améliorer la gouvernance des actions, et en particulier, à éviter la génération de doublons et la dispersion des efforts.

Faire de « l'instrumentalisation réciproque » un outil de dialogue entre communautés scientifiques suppose aussi une vision à la fois politique et organisationnelle. La mise à niveau des ambitions scientifiques vis à vis d'enjeux forts de société suppose une réflexion sur les masses critiques de recherche nécessaires à leur réalisation, l'identification précise des manques et des redondances dans les différentes disciplines, et l'insertion internationale des recherches entreprises dans le jeu de la compétition scientifique. La mise en correspondance des moyens humains mobilisables sur des objectifs inter- ou pluridisciplinaires passe aussi par des interrogations plus opérationnelles : pérennité des réseaux de collaboration, regroupements géographiques par pôles, stratégies de visibilité scientifique européennes et de collaborations entre grands établissements de recherche, formation, enseignement, et mise en place de logistiques de projet adéquates.

Le statut de la mesure, des indicateurs, des normes

Les débats de l'École ont également montré la nécessité de clarifier, d'ordonnancer et d'opérer, de manière différenciée et adaptée, les méthodes d'acquisition, de construction et les champs de validité respectifs des données utilisées pour caractériser l'environnement. C'est un débat méthodologique important qui a des répercussions sur la manière d'organiser les programmes de recherches. Il a aussi des implications politiques centrales, l'essentiel des dispositifs de gouvernance environnementale en Europe s'articulant autour de systèmes de normes, physico-chimiques et biologiques en particulier, tous systèmes dont la pertinence objective et la valeur normative méritent d'être soigneusement analysées.

Les systèmes environnementaux doivent tout d'abord être « bornés » de manière pertinente, à la fois dans l'espace et dans le temps. La définition de ceux-ci nécessite que soient distingués et maîtrisés, tant par la mesure que par le modèle ou la théorie,

- leur taille ou leur étendue, qui fixe le champ opérationnel sur lequel des mesures ou des prises de données doivent être effectuées ;
- les échelles pertinentes, le plus souvent multiples et emboîtées, qui se déclinent par rapport aux singularités du terrain et aux processus de toutes natures – anthropiques, économiques, physiques, chimiques, biologiques - qui lient entre elles ses différentes « régions » ;
- les niveaux d'organisation, également de toutes natures – une circonscription administrative, la zone d'influence d'un marché, une aire de droit lignager, une amicale de pêcheur, un bassin hydrologique, un « microclimat » régional, une forêt, un bassin versant,...- qui structurent paysages, régions et réseaux d'échanges.

Dans ces champs d'organisation, la mise en place de dispositifs de mesure et/ou de recueil de données, plus ou moins pérennes et/ou plus ou moins complets, est nécessaire, ne serait-ce que pour disposer de matériaux indiscutables pour les modèles et la théorie. Selon les échelles de temps de leur mise en œuvre, la nature et le nombre de paramètres recueillis, on distingue :

- les « observatoires », où il faut assurer, sur la longue durée – c'est à dire sur des durées supérieures à celle de la carrière d'un chercheur ! - la continuité du recueil d'un nombre restreint de paramètres et/ou de données concrètes. Cela concerne aussi bien le suivi de paramètres physiques ou chimiques (sismicité, hauteur d'eau, composition chimique de l'atmosphère, températures,...), le recueil et le classement d'archives biologiques (évolution de la biodiversité, modifications des cycles végétaux,...) ou humaines (pratiques, mythes, données démographiques ou économiques, etc.) ;

- les « campagnes », qui supposent des mobilisations « lourdes » de moyens – notamment humains - pendant un temps limité et sur un territoire étendu – par exemple une « Zone Atelier », par ailleurs « instrumentée » par un ou plusieurs « observatoires » - afin d'acquérir un ensemble varié mais cohérent de paramètres et/ou de données qualitatives ;

- les « expériences » qui consistent à opérer le suivi de la perturbation d'un « système d'organisation » pertinent (bief et société de pêche, zones de cultures nouvelles, réseau d'échanges et anthroposystème lignager,...) , à la suite d'une perturbation provoquée (mise en eau d'un bief mort dans lequel se recompose un ensemble de populations aquatiques, changement brutal de territoire de chasse ou de cultures,...) ; Cela nécessite que l'étendue et la structure de ce « niveau d'organisation » ait été préalablement défini, et donc que les scénarii possibles de la réponse expérimentale aient été construits.

Tous ces modes d'opération impliquent des modes d'organisation différents et dont des réponses institutionnelles et managériales différentes ; toutes sont utiles et doivent être prises en compte dans un dispositif pertinent de recherches environnementales. Afin que les données soient disponibles à tous les chercheurs concernés – et même « concernables » - il est indispensable que des bases de données « hétérogènes et vivantes » et des systèmes d'information, correctement documentés par des méta-connaissances explicitées, soient constitués à partir des données recueillies. L'amélioration des données, de leur précision, de leur signification et de leur pertinence vis à vis de tel ou tel processus ou de tel ou tel mode d'évolution nécessite que soit pensé et acté de vigoureuses actions de Recherche et Développement visant à perfectionner les systèmes de mesures, que ceux ci utilisent des données physiques, chimiques ou biologiques ou encore des enquêtes anthropologiques, ou sociologiques. Cela implique aussi le développement d'une politique d'accès aux données, qui se pose aujourd'hui de manière nouvelle par rapport à l'évolution des réseaux d'informations et de communications.

C'est à partir de ces données recueillies, validées et valorisées, qui caractérisent les états et/ou les processus environnementaux, que sont construits les indicateurs, simples, informatifs, directement appropriables, destinés aux services opérationnels, aux politiques et aux médias pour « informer » sur l'état général de la planète et des ses milieux. Intégrateurs de multiples activités et/ou processus, ces indicateurs – qui ne peuvent donner qu'une information partielle, voire parcellaire sur l'environnement - doivent presque toujours être « multicritères » : par exemple la situation de l'épandage de pesticides sur les champs cultivés résulte des actions mutuelles et des positionnements relatifs des agriculteurs concernés, des chambres d'agricultures et des concepteurs de nouvelles molécules actives... L'état des connaissances étant un processus évolutif il est nécessaire de construire des « batteries » d'indicateurs comme des ensembles évolutifs et chacun d'entre eux comme susceptible d'être remplacé par un autre, au terme d'une procédure dûment documentée, pour assurer la continuité de « l'indication ». La cartographie systématique des indicateurs doit être traitée avec beaucoup de prudence, les effets d'interactions et de cumuls entre certaines variables environnementales interdisant souvent toute « territorialisation » stricte de ceux-ci.

Comme le justifie leur utilisation principalement opérationnelle, le choix des batteries d'indicateurs doit faire une large place non aux variables d'états (valeur d'état = A0), mais plutôt aux paramètres de tendances permettant de rendre compte des dynamiques environnementales, par exemple des temps caractéristiques d'évolution (T0) qui sont des temps nécessaires pour qu'un changement donné et significatif d'état puisse se manifester compte tenu de la valeur de l'état actuel. De tels temps peuvent être comparés à des temps caractéristiques de remédiation, liés aux techniques (Tr), et permette de définir des valeurs seuils (As) pour les variables d'états (T0 << Tr si A > As), pour lesquelles apparaissent des dégâts irréversibles ou des catastrophes. Avec de tels indicateurs, une approximation de « l'état instantané » d'un système environnemental pourrait être représenté par un graphe tendanciel ordonné, figurant la hiérarchisation de l'ensemble des temps caractéristiques des divers processus qui s'enchaînent dans la dynamique globale du système.

Dans la pratique, la situation actuelle fait jouer un rôle insuffisant à la validation des indicateurs par des modèles dynamiques, d'une part, et par des expériences de terrains diversifiées d'autre part. Le développement de groupes de validation de suivi des indicateurs, associant professionnels, agences opérationnelles et laboratoires de recherche doit être une priorité de l'action en matière de R&D environnementale. Répandre de telles pratiques aurait pour avantage de montrer la variabilité des situations couvertes par des valeurs identiques des indicateurs et donc de contribuer au bon usage du principe de précaution, afin notamment de disjoindre le rôle des indicateurs de celui des normes administratives et juridiques qu'ils ont pour fonction de « fonder ». A cet égard, la construction d'un dispositif critique, visant à analyser systématiquement la nature des décisions normatives et les relations entre signaux d'alerte et comportements sociaux, relativement à l'utilisation des milieux et/ou les décisions d'actions publiques ou privées, notamment dans le domaine de la « dangerosité environnementale », constitue une priorité scientifique évidente.

Dans les faits, l'appui technique à la gouvernance environnementale est fourni par les sciences de l'ingénieur pour ce qui est des milieux naturels et par les disciplines biomédicales en ce qui concerne les impacts sur la santé humaine. Loin d'essayer de s'y substituer, la recherche doit occuper un rôle complémentaire à ces sciences en termes d'appui à leur expertise et de capacité de mobilisation (en particulier en matière d'alerte avancée et d'investigation sur des « signaux faibles », mal compris et mesurés, mais à impacts négatifs potentiels importants pour l'homme ou les milieux).

Cette recherche de complémentarité recouvre aussi des enjeux plus politiques de partage des responsabilités. De l'indicateur à la norme il n'y a parfois qu'un pas, et la recherche ne peut pas espérer échapper à toute implication dans l'élaboration et la fixation de normes. La médiation de la relation entre science et société permise par l'expertise normative doit être valorisée dans le contexte social actuel, où la science, tant dans ses orientations de recherche que dans ses retombées concrètes, est devenue un enjeu de débat et de controverses important. Enfin, et même si on est aujourd'hui loin du compte, la recherche doit avoir pour ambition, de comprendre et d'intégrer les enjeux d'applicabilité, d'opposabilité et d'acceptabilité des normes qui sont centraux dans la pratique normative, que ce soit au plan technique ou juridique.

LE STATUT DES MODELES ET DES THEORIES

Les discussions en ateliers ont amplement montré le caractère très polysémique du concept de modèle : affirmation d'un simple schéma heuristique, typologie de situations exclusives fondées sur l'analyse d'un champ de données, systèmes simplifiés d'équations d'évolution rendant compte de comportements observés, logiciels numériques en général lourds, destinés à simuler l'évolution d'un système, après intégration formelle de processus de toutes natures et, le cas échéant, d'assimilation de données d'observation.

Afin d'améliorer la compréhension mutuelle sur ces outils incontournables que sont les modèles, et afin de permettre qu'ils soient des lieux d'échanges et d'intégration de savoirs, il est évident qu'un travail pédagogique et épistémologique est à mettre en œuvre pour en clarifier la typologie et pour en décrire les atouts et les limites. Aujourd'hui ce concept, trop général et mal appréhendé, sépare plus qu'il ne rapproche.

Parmi les principales difficultés rencontrées la « prédictibilité » des modèles numériques, concept de mieux en mieux étayé par les travaux de climatologie et de météorologie, fait encore problème :

- quels sont les statuts relatifs de l'incertitude sur les données initiales, de l'imprécision sur les lois d'évolutions, de l'assimilation de données en cours de simulation ?
- les régimes d'évolution des systèmes environnementaux sont-ils prédictibles – et jusqu'à quel terme ? - aléatoires – et auquel cas où sont les variables cachées et comment les mettre à jour ? - ou chaotiques, et quel sens cela peut-il avoir vis à vis de la demande sociale et de son approche de la gestion des risques ?
- quels sont les rôles relatifs du normatif et du descriptif dans l'élaboration des modèles ayant des variables relevant de l'action humaine, et, dans le cas où ces modèles sont susceptibles de décrire une évolution et non seulement un état, quelle est l'incidence de cette incertitude sur la nature de l'évolution ?

Le rôle politique des « modèles » a été souligné. Pour des raisons techniques, ceux-ci sont finalement moins contrôlables que les « théories » qui doivent au moins énoncer systématiquement leurs prémisses pour pouvoir être entendues. Les « modèles » créent également le sentiment, un peu démiurgique, qu'une situation est « sous contrôle » ou que son évolution « catastrophique » est inéluctable, alors que de tels comportements peuvent simplement résulter de choix particulier de paramètres et que la structure même du modèle est souvent le simple résultat d'une « théorie » particulière du monde, simplement non énoncée...

L'utilisation des modèles numériques provoque la fausse impression qu'ils sont « inversibles » au sens où, d'un indicateur d'état il serait possible de revenir systématiquement à la nature des causes et des prémisses et donc d'opérer de manière systématique des remédiations normatives aux perturbations « observées » des systèmes environnementaux. Le schéma heuristique ci-dessous montre au contraire, dans le cas particulier de la « détérioration » de la biodiversité et des remédiations que l'on pourrait croire pouvoir lui appliquer, combien est illusoire un tel espoir.

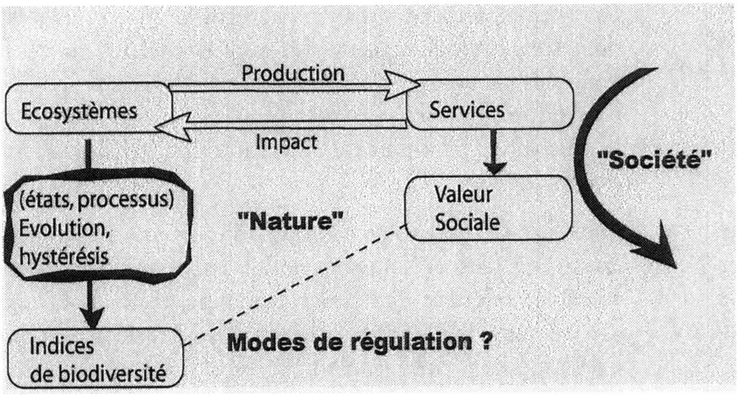

Dans ce schéma, qui oppose artificiellement « Nature » et « Société » par souci de simplification, on représente à gauche un système « naturel » caractérisé par des processus et des états. La modélisation et la théorie biologique produisent des indicateurs, des indices de biodiversité dans cet exemple. Sur la droite on représente la « Société », ou plutôt le regard porté par la « Société » sur la « Nature » sous l'angle des usages de la Nature par l'homme. Il ne s'agit pas de prétendre, bien entendu, qu'une société ne porte que des regards utilitaires sur la nature, ce n'est ici qu'un exemple parmi d'autres des « regards » sociaux portés sur la nature. Dans cette approche réductrice des relations nature - société, la nature est vue comme un producteur de « services » bons ou néfastes et, dans la mesure ou un tel schéma épuiserait le champ du réel, susceptibles d'être « évalués » socialement.

Selon un tel schéma heuristique, forcément réducteur, la gouvernance politique de l'environnement doit chercher à « concilier les intérêts » de la société, tels qu'ils résultent d'une évaluation des services rendus par la nature, et ceux de la nature, tels qu'ils peuvent être appréciés sur la base d'indicateurs, comme les indices de biodiversité. Mais ce désir légitime de « conciliation », qui va s'exprimer dans des choix particuliers de modes de régulation économiques, juridiques, politiques et culturels, ne peut se fonder ni sur une quelconque commensurabilité des indicateurs et des valeurs, ni sur une quelconque relation fonctionnelle susceptible de relier valeurs et indicateurs.

Le schéma met en évidence que la seule issue logique serait de partir de la société, aller aux écosystèmes par le lien des « impacts », puis de passer aux indicateurs. On retrouve là l'approche usuelle tendant à asseoir une politique de protection de la biodiversité sur la seule maîtrise des impacts anthropiques sur les écosystèmes. Mais cette façon de faire ignorerait le lien « production de services » qui fonde l'évaluation, et donc négligerait le rôle des services rendus dans la compréhension et la justification des comportements sociaux vis à vis de la nature.

Face à ces « illusions » il faut probablement retenir que, plus que de fournir des valeurs caractérisant des états, les modèles ont pour principal objectif de révéler des tendances, et d'en estimer les temps caractéristiques. En ce sens ils sont utiles à la construction de scénarii, à l'exploration de champ de paramètres et à la validation des indicateurs.

LE « CHANTIER » INSTITUTIONNEL ET POLITIQUE

Les débats ont fait une large place à la « critique politique » des sciences de l'environnement et de leur statut particulier dans l'actualité économique et politique mondiale, aujourd'hui et demain. Cela a conduit à proposer de privilégier, pour les communautés scientifiques concernées, certains objectifs d'organisation et certains axes de recherche.

Pour ce qui est de l'organisation, l'essentiel est de parvenir à anticiper les logiques de décision économique et politique, au moment même où la connaissance se constitue. Cela implique, par exemple, de favoriser, au sein même des institutions, le développement de « *think tanks* » qui sont à l'écoute des derniers résultats scientifiques et qui sont à même de peser, par leur synthèses, sur les débats publics, voire sur les mécanismes de décision, et d'entraîner les communauté scientifiques à jouer un rôle positif dans l'expertise des situations et des évolutions environnementales. Une fois de plus cela suppose que soit clairement défini le statut social de l'expertise, dans toutes ses dimensions, individuelle et collégiale. Cela suppose également la mise en place systématique de « forums hybrides » afin que l'expert scientifique ne se dissocie pas trop des acteurs de terrains et des usagers de « l'environnement ».

Dans cette logique également, le débat a fait émerger quelques axes de recherches à privilégier :

- sur les acteurs du « jeu environnemental » et sur sa gouvernance : l'articulation entre biens, mode d'organisation (du mode « public » au mode « privé », en passant par tous les intermédiaires qu'offre l'innovation sociale), relations entre états, rôle des dispositifs supra étatiques, et incidences sur les niveaux d'organisation, les échelles – locales, régionales, globales – et leurs interactions ;

- sur les questions sociales directement liées aux problèmes d'environnement, et aux statuts sociaux, politiques, économiques des problèmes d'aléas, de risques et de vulnérabilité ;
- sur « l'économie politique » de l'articulation entre Recherche Scientifique et Institutions, et plus généralement, sur les relations entre « Politique » qui édicte la Norme et construit la Loi, « Juge » qui dit la Loi et applique la Norme, « Savant » qui construit les outils conceptuels de ces nouvelles constructions normatives, et les « pratiques sociales sauvages » qui constituent souvent le socle où se bâtissent les relations de l'Homme à la Nature.

EN GUISE DE CONCLUSION PROVISOIRE : QUE FAIRE ?

Les principales conclusions de l'École orientées vers les actions à mener dans le court et le moyen termes concernent :

- l'organisation systématique du retour d'expériences et de l'évaluation croisée, pluridisciplinaire, scientifique comme opérationnelle, des programmes de recherches récents comme PRIMEQUAL ou PNRZH, afin d'élucider le statut de ce qui divise et/ou de ce qui au contraire rassemble les différentes communautés scientifiques ;
- la mise en place, en divers endroits (Toulouse, Grenoble, Paris,...) de séminaires récurrents, sur des sujets susceptibles d'une part de rassembler les efforts pluri- et interdisciplinaires régionaux et d'autre part de permettre la mise en commun nationale de ce projet pédagogique au sein d'un réseau de centres (le Réseau Interdisciplinaire de Recherches en

Environnement ou R.I.R.E.) entre lesquels s'échangent expériences et projets pédagogiques. Un site d'information centralisé devrait être créé pour rendre compte des expériences et diffuser l'information ;

- le développement de projets nationaux d'actions de recherches pluridisciplinaires et pluri organismes, ciblées autour de classes d'objets (les zones humides, les bassins versants) de concepts (aléas, vulnérabilité et crises environnementales) et /ou des méthodes (indicateurs, normes, archives, niveaux d'organisation, temps de réponse, modèles, théories, ...) ;
- la mise en place de chantiers communs structurés ayant, grâce à une analyse préalable approfondie les « bonnes » échelles et le « bon » niveau d'organisation, évalués systématiquement, autour de logiques d'observatoires, de campagnes ou d'expériences environnementales, et adossés, le cas échéant, à des forums hybrides mettant en relation, chercheurs, utilisateurs et gestionnaires opérationnels des « ressources » et des « biens » identifiés au sein du chantier ;
- la mise en place également de plates-formes techniques, sous forme de « démonstrateurs virtuels » du fonctionnement environnemental permettant d'intégrer, au fur et à mesure du développement des recherches, les nouveaux résultats, les nouvelles hypothèses, etc., autorisant ainsi un dialogue pluridisciplinaire permanent entre les différents collectifs de recherches et facilitant l'éventuelle convergence interdisciplinaire ;
- une action spécifique de niveau national visant à développer un « dialogue » plus approfondi entre développeurs de modèles et constructeurs d'indicateurs, afin d'élaborer ceux-ci dans un contexte

« multicritères », de mieux préciser leur signification, notamment en terme de tendance évolutive, de mieux contraindre leur fiabilité et finalement d'élaborer une politique dynamique de leur construction, de leur utilisation et de leur abandon ;

- une action politique, auprès des organismes de recherches et auprès des instances gouvernementales pour que soit examinés et définis les statuts de l'expertise, individuelle et collégiale, afin de développer la pratique des « *think tanks* » et de se donner un champ d'analyse suffisamment étoffé pour construire une « économie politique des actions de recherches » ;
- le développement d'une réflexion spécifique sur le statut des publications et des revues scientifiques susceptibles d'accueillir les travaux inter- et pluridisciplinaires et sur l'évaluation de tels travaux.

Finalement, les débats de l'École ont montré l'intérêt d'adopter majoritairement des démarches pragmatiques, orientées vers l'ingénierie environnementale et fondée sur des pratiques pluridisciplinaires. De telles approches permettent de publier plus facilement les résultats des recherches et limitent ainsi les risques de pratiques interdisciplinaires qui ne sont pas toujours fondées d'un point de vue épistémologique. Elles préparent le terrain à des actions de recherche conceptuelles plus ambitieuses qui, de toutes façons, ne pourraient se développer utilement que sur des temps longs.

ANNEXE : LISTE DES AUTEURS ET DE LEUR DOMAINE PRIVILEGIE DE COMPETENCES

JEAN-PIERRE AMIGUES

(DR INRA, Toulouse) directeur adjoint du Laboratoire d'Économie des Ressources Naturelles, LERNA / INRA-UT1-CEA, (amigues@toulouse.inra.fr, tel : 05 61 12 85 19, Secr. – 21, Fax – 20). Modélisation économique de la ressource en eau ; R&D, croissance et développement durable ; modélisation gestion intégrée des ressources en eau.

GERARD BALENT

(DR INRA) Directeur du laboratoire DYNAFOR, SAD/INRA Toulouse (tel : 05 61 28 52 58, balent@toulouse.inra.fr). Relations entre activités agricoles forestières, structure et dynamique des paysages (fragmentation) et biodiversité (modèles bio oiseaux, plantes…) ; site atelier « vallée coteaux de Gascogne » ; laboratoire interdisciplinaire bio, écotechniques ; Rex ALTER – Net.

BERNARD BARRAQUE

(DR CNRS), Laboratoire Techniques, Territoires et Société, LTTS / CNRS-ENPC-Univ. Marne la Vallée (barraque@enpc.fr, tel : 01 64 15 38 23).

CATHERINE BARRIERE

(Chercheur associé IRD, Montpellier) US Désertification / ROSELT-OSS, S116 / IRD (barriere@mpl.ird.fr, tel : 04 67 16 31 91). Anthropologie religieuse et anthropologie de l'environnement ; modes de gestion des ressources environnementales par les groupes sociaux ; articulation entre les représentations mentales de l'environnement et les stratégies de secteurs sociaux ; démarche interdisciplinaire droit le l'environnement/économie/afro-écologie.

OLIVIER BARRIERE

(CR1 IRD) US Désertification du Dépt. IRD Milieux et Environnement, Montpellier (olivier.barriere@mpl.ird.fr). Anthropologue du droit et juriste de l'environnement, spécialiste des sociétés agraires africaines : questions foncières en Afrique (Sahel et Maghreb) ; relier les données humaines et environnementales pour aboutir à des constructions juridiques opérationnelles (et conceptuelles) pour l'aide à la décision, la réforme foncière, etc.

MARC BENOIT

(DR INRA) SAD/INRA, Mirecourt (tel : 03 29 38 55 01, marc.benoit@mirecourt.inra.fr). Agronomie ; dynamique des systèmes de culture en lien avec la protection des ressources en eau (entre la parcelle et le paysage, recherche-action) ; Rex ALTER-Net ; implication dans deux zones atelier PIREN-Seine et Moselle ; importance de la pression démographique sur les cours d'eau et leur « qualité ».

MICHEL DEQUE

(IGC Ponts et chaussés) Centre National de Recherche Météorologique, CNRM (GMME) / CNRS-Météo France, Toulouse (michel.deque@meteo.fr , tel : 33 (0)5 61 07 94 74). Modélisation du climat aux échelles régionales et continentales, études d'impacts sur la France.

CHRISTIAN ELICHEGARAY

Responsable du Département « Surveillance de la qualité de l'air » de l'ADEME (christian.elichegaray@ademe.fr tel : 01 47 65 20 78). Coordination technique de dispositifs de surveillance de la qualité de l'air ; co-animation, montage et financement de recherches (PREDIT/PRIMEQUAL/PNCA) en matière de qualité de l'air, en liaison avec le CNRS et d'autres organismes (MEDD, AFSEE, etc.).

CHRISTIAN GOLLIER

(Professeur à l'Université des Sciences Sociales, Toulouse) Laboratoire d'Économie des Ressources Naturelles, LERNA / INRA-UT1-CEA (gollier@cict.fr, tel : 05 61 12 86 30 ; cgollier@cnrs-dir.fr, tel : 01 44 96 42 81). DSA INSU/SHS ; décisions individuelles et collectives en incertitude, gestion des risques, prise en compte du long terme, économie de l'environnement.

DOMINIQUE LE QUEAU

(DR CNRS) Directeur de l'Institut des Sciences de l'Univers, (Tel. Secr.: 01 44 96 43 87). Coordonnateur pour le CNRS d'une réflexion sur l'interdisciplinarité (notamment entre les champs thématiques des Sciences de l'Univers et des Sciences de l'Homme et de la Société) ; physique des plasmas spatiaux.

ERIC MARTIN

(IRC des Ponts et Chaussés) Centre National de Recherche Météorologique, CNRM (GMME) / CNRS-Météo France, Toulouse. Processus de surface et hydrologie ; étude des transferts atmosphère – végétation - sol, bilans hydrologiques de surfaces, débit des grands fleuves, impacts des changements climatiques sur l'hydrologie

PIERRE MAZZEGA

(DR CNRS) Laboratoire des Mécanismes et Transferts en Géologie, (CNRS, IRD, UPS) Observatoire Midi-Pyrénées (Pierre.Mazzega@cnes.fr, tel : 05 61 33 29 55). Analyse non linéaire et assimilation de données, modélisation de systèmes complexes ; gestion des ressources naturelles renouvelables.

Jean-Claude Menaut

(DR CNRS) Directeur du Centre d'Etude Spatiale de la Biosphère, CESBIO / CNRS-CNES-IRD-Univ. Toulouse 3 (jean-claude.menaut@cesbio.cnes.fr, tel : 05 61 55 85 25). Mesures et modèles des états et de la dynamique des surfaces continentales, cycles du carbone et de l'eau (hydrologie de basins versants), modes de couverture et d'utilisation des sols ; télédétection.

Serge Morand

(DR CNRS, détaché à l'IRD) : Centre de Biologie et Gestion des Populations, CPBG / CNRS-INRA-IRD-ENSAM, Montpellier (Morand@ensam.inra.fr, tel : 04 99 62 33 70). Écologie et évolution, interactions parasitaires ; conseil scientifique de l'IFB ; rapport sur la stratégie nationale de recherche sur la biodiversité pour le développement durable ; AO CICC IFB « changement global et biodiversité.

Joël Noilhan

(Ing. Météo-France) Centre National de Recherches Météorologiques (joel.noilhan@meteo.fr, tel. : 05 61 07 94 74). Dynamique des phénomènes de petite et moyenne échelle (couche limite, échanges turbulents au-dessus des surfaces continentales, hydrologie, etc.) ; couplage des modèles météorologiques et des modèles hydrologique pour les cycles de l'eau, de l'énergie et du carbone.

Alain Podaire

(Ing. CNES, détaché à la Commission Européenne) – Direction Générale « Entreprises et Industrie - J-79 01/22 – B-1049 Bruxelles (alain.podaire@ec.europa.eu, tel : 32 2 295 02 26).

DENIS SALLES

(Professeur de Sociologie, Université Toulouse 1, Le Mirail) CERTOP / CNRS-UTM (dsalles@univ-tlse2.fr). Action publique environnementale et pratiques sociales ; la consultation du public dans la Directive - Cadre sur l'eau ; la vulnérabilité de l'eau potable aux pollutions agricoles.

LAURENCE TUBIANA

(Professeur ENSAM, Montpellier) Laboratoire Montpelliérain d'Économie Théorique et Appliquée, LAMETA / CNRS –INRA –CEMAGREF -UM1 –ENSA -IAM (tubiana@ensam.inra.fr ou laurence.tubiana@iddri.org tel : 04 93 23 22 84).

MICHEL VAUCLIN

(DR CNRS) Laboratoire d'Etude des Transferts en Hydrologie et Environnement, LTHE / CNRS-UJF-INPG-IRD (lthe@hmg.inpg.fr tel : 04 76 82 50 56). Hydrologie, ressources en eau ; physique des interactions surfaces continentales / atmosphère.

TABLE DES MATIERES

L'HARMATTAN, ITALIA
Via Degli Artisti 15 ; 10124 Torino

L'HARMATTAN HONGRIE
Könyvesbolt ; Kossuth L. u. 14-16
1053 Budapest

L'HARMATTAN BURKINA FASO
Rue 15.167 Route du Pô Patte d'oie
12 BP 226
Ouagadougou 12
(00226) 50 37 54 36

ESPACE L'HARMATTAN KINSHASA
Faculté des Sciences Sociales,
Politiques et Administratives
BP243, KIN XI ; Université de Kinshasa

L'HARMATTAN GUINÉE
Almamya Rue KA 028
En face du restaurant le cèdre
OKB agency BP 3470 Conakry
(00224) 60 20 85 08
harmattanguinee@yahoo.fr

L'HARMATTAN CÔTE D'IVOIRE
M. Etien N'dah Ahmon
Résidence Karl / cité des arts
Abidjan-Cocody 03 BP 1588 Abidjan 03
(00225) 05 77 87 31

L'HARMATTAN MAURITANIE
Espace El Kettab du livre francophone
N° 472 avenue Palais des Congrès
BP 316 Nouakchott
(00222) 63 25 980

L'HARMATTAN CAMEROUN
Immeuble Olympia face à la Camair
BP 11486 Yaoundé
(237) 458.67.00/976.61.66
harmattancam@yahoo.fr

605332 - Avril 2015
Achevé d'imprimer par

1livre.com
du rêve à la réalité !

www.ingramcontent.com/pod-product-compliance
Lightning Source LLC
LaVergne TN
LVHW050803061126
851857LV00012B/656
* 9 7 8 2 2 9 6 0 3 3 5 0 4 *